Mittelstufe

Allgemeine und anorganische Chemie

Grundlagen

Heribert Rampf

Mit ausführlichem Lösungsteil

Der Autor:

Heribert Rampf, Oberstudiendirektor im Hochschuldienst a.D., ehemals Leiter der Abteilung Fachdidaktik Chemie am Institut für Anorganische Chemie der Universität München

Technische Zeichnungen:
Udo Kipper, Hanau

Layout:
Sabine Nasko, München

Umschlag
DESIGN IM KONTOR – Iris Steiner, München

www.mentor.de

Umwelthinweis: Gedruckt auf chlorfrei gebleichtem Papier.

Satz: Franzis print & media GmbH, München
Druck: Mercedes-Druck, Berlin
Bindung: Stein + Lehmann, Berlin
Printed in Germany

ISBN 978-3-580-65677-5

10011

Vorwort

Liebe Schülerin, lieber Schüler,

Chemie ist praktisch mit allen Bereichen unserer Welt eng verknüpft. Die Kenntnis grundlegender chemischer Sachverhalte und Verständnis für elementare chemische Vorgänge können deshalb oft recht hilfreich sein. Trotzdem gilt für viele die Chemie als undurchschaubar, ja sogar als unbegreiflich. Chemie ist aber gar nicht so schwer zu verstehen! Bald wirst du erkennen, wie einfach es im Grunde ist, mit Atomen und Molekülen, mit Elementen und Verbindungen, mit Formeln und Gleichungen umzugehen.

Im vorliegenden Band werden die Grundlagen der allgemeinen und anorganischen Chemie in ausgewählten Schwerpunkten behandelt. Stoffauswahl und Stoffumfang orientieren sich an den derzeit gültigen Lehrplänen der verschiedenen Bundesländer für die Hauptschulen, die Realschulen und die Gymnasien (einschließlich 10. Jahrgangsstufen).

Damit du überprüfen kannst, ob du ein Kapitel gut verstanden hast und ob der Stoff „sitzt“, gibt es viele Fragen und Übungsaufgaben. Die ausführlichen Antworten und Lösungen dazu findest du im Lösungsteil.

Nun bleibt nur noch, dir viel Erfolg und hoffentlich auch ein wenig Spaß bei der Arbeit zu wünschen!

Heribert Rampf

Gemische und Reinstoffe

Wir sind von Gegenständen umgeben, die aus verschiedensten Stoffen bestehen. Schauen wir uns nur mal den Frühstückstisch an. Auf dem Tisch aus HOLZ befinden sich das Besteck aus METALL und der Teller aus PORZELLAN. Die Milch trinken wir aus einem GLAS, das Ei essen wir mit einem Löffel aus KUNSTSTOFF. Die „Stoffe-Liste“ ließe sich noch beliebig ergänzen.

Dass wir zum Beispiel Holz von Glas unterscheiden können, liegt daran, dass alle Stoffarten bestimmte Eigenschaften haben (Holz brennt beim Erhitzen, Glas springt vielleicht oder wird rot glühend).

Eine bestimmte Stoffart erkennt man an ihren Eigenschaften.

Doch nicht alle Stoffe kommen in reiner Form vor. Sie können aus mehreren Stoffarten bestehen. Denken wir beispielsweise an das Etikett in einem Kleidungsstück. Wir können ihm entnehmen, dass der „Stoff“ des Pullis zum Beispiel aus 55 % Baumwolle und 45 % Polyester besteht. Es handelt sich beim „Stoff“ des Pullis in Wirklichkeit also um ein Stoffgemisch.

1. Gemische

Häufig kann man schon rein äußerlich erkennen, dass ein Stoff ein Gemisch aus mehreren anderen Stoffen ist. Betrachten wir zum Beispiel ein Stück Granit, so stellen wir fest, dass er aus verschiedenen Stoffen besteht, die sich in Farbe und Glanz deutlich voneinander unterscheiden. Granit ist ein Gemisch aus unterschiedlichen Feststoffen.

Geben wir in ein Glas Wasser einen Löffel voll Kochsalz und rühren um, dann verschwindet das Salz im Wasser. Wir sagen, das Salz hat sich im Wasser aufgelöst. Nur durch Betrachten können wir das Gemisch Salzwasser von reinem Wasser nicht unterscheiden. Auch mit einer Lupe oder sogar mit einem starken Mikroskop können wir das gelöste Salz im Wasser nicht erkennen. Salzwasser erscheint völlig einheitlich. Bringen wir das Salzwasser jedoch zum Sieden, so verdampft das Wasser und das ursprünglich darin gelöste Kochsalz bleibt als weiße, feste Substanz zurück. Wasser, in dem nichts gelöst ist, verdampft beim Erhitzen rückstandsfrei.

Gemische sind aus zwei oder mehreren verschiedenen Stoffen zusammengesetzt. Die charakteristischen Eigenschaften der einzelnen Bestandteile (Komponenten) bleiben erhalten. Ihr Mischungsverhältnis bestimmt die Eigenschaften des Gemisches. In einem Gemisch können feste, flüssige und gasförmige Anteile enthalten sein.

Stoffgemische

Folgende Tabelle zeigt dir Beispiele für mögliche Stoffgemische:

Aggregatzustand: die Form, in der ein Stoff vorkommt, z. B. fest

Bezeichnung für das Gemisch	Aggregatzustand der Bestandteile		Beispiel
Gemenge	fest	fest	Granit (Quarz, Feldspat, Glimmer)
Lösung	fest	flüssig	Salz in Wasser (klar)
Suspension	fest	flüssig	Lehm in Wasser (trüb)
Emulsion	flüssig	flüssig	Fetttröpfchen in Wasser (Milch)
Nebel	flüssig	gasförmig	Flüssigkeitströpfchen in Luft (Spray)
Gasgemisch	gasförmig	gasförmig	Luft (Sauerstoff, Stickstoff, Edelgase, Kohlenstoffdioxid)
Rauch	fest	gasförmig	Rußteilchen in Verbrennungsgasen
Legierung	fest (erstarrte Schmelze)	fest (erstarrte Schmelze)	Messing (Kupfer und Zink)

heterogen = verschiedenartig

Gemische, bei denen sich, besonders mit optischen Mitteln (zum Beispiel Lupe), bestimmte, klar abgegrenzte Bereiche unterscheiden lassen, nennt man **heterogen**. Solche abgegrenzten, in sich einheitlichen Bereiche bezeichnet man als Phasen. Granit ist ein typisches Beispiel für ein heterogenes Gemisch.

Gemische, bei denen die Bestandteile völlig gleichmäßig vermischt (einheitlich, einphasig) und auch mikroskopisch nicht unterscheidbar sind, nennt man **homogen**. Lösungen, wie zum Beispiel Zuckerwasser, Salzwasser und Wein, sind homogene Gemische. Luft ist ein homogenes Gemisch aus Stickstoff, Sauerstoff, etwas Edelgasen und ein wenig Kohlenstoffdioxid.

homogen = gleichartig

2. Reinstoffe (oder Reinsubstanzen)

Stoffe, wie Kochsalz, Wasser, Zucker, Kupfer, Schwefel und Sauerstoff, die durch physikalische Methoden (zum Beispiel Zerkleinern, Abkühlen, Erwärmen, Lösen) nicht mehr in verschiedenartige Bestandteile zerlegt werden können, zählen zu den **Reinstoffen** (oder Reinsubstanzen). Viele Reinstoffe lassen sich jedoch durch chemische Methoden (zum Beispiel Einwirken von Säuren, Laugen oder elektrischem Strom) in weitere Bestandteile abbauen. Lässt man beispielsweise auf Wasser elektrischen Strom einwirken, so wird es in zwei verschiedene gasförmige Stoffe geschieden. Diese Gase sind Wasserstoff und Sauerstoff. Wasserstoff und Sauerstoff können weder durch chemische noch durch physikalische Einflüsse in andere Substanzen zerlegt werden. Solche Stoffe nennt man **chemische Elemente**. Der Reinstoff Wasser ist eine **chemische Verbindung** aus den Elementen Wasserstoff und Sauerstoff.

Eigenschaften von Reinstoffen

Einen Reinstoff erkennt man an folgenden Eigenschaften:

- Ein Reinstoff ist *durch physikalische Methoden nicht in verschiedenartige Bestandteile zerlegbar*.
- Ein Reinstoff ist völlig gleichförmig aufgebaut und frei von andersartigen Bestandteilen. Man sagt, er ist *homogen*.
- Ein Reinstoff ist durch die Summe seiner *charakteristischen Eigenschaften* gekennzeichnet. Diese Eigenschaften (zum Beispiel Dichte, Schmelztemperatur, Siedetemperatur, Löslichkeit, elektrische Leitfähigkeit, Brennbarkeit usw.) definieren jeden Reinstoff eindeutig.
- Zu den Reinstoffen gehören sowohl *chemische Elemente* als auch *chemische Verbindungen*, die aus mehreren verschiedenen Elementen nach festgelegten chemischen Gesetzen aufgebaut sind.

Schwefel

Schwefel
zum Beispiel ist ein Reinstoff, der nur aus einem chemischen Element (eben dem Schwefel) besteht. Er besitzt unter anderem folgende charakteristische Eigenschaften:
Dichte: 1,96 g/cm^3,
Schmelztemperatur: 119,6 °C,
Siedetemperatur: 444,6 °C,
nicht wasserlöslich,
leitet nicht den elektrischen Strom,
brennbar.

Kochsalz hingegen besteht aus zwei verschiedenen chemischen Elementen (Natrium und Chlor), die sich stets im gleichen Verhältnis miteinander verbinden. Mit physikalischen Methoden lassen sich die beiden Elemente jedoch nicht voneinander trennen. Sie bilden einen homogenen Reinstoff.

Kochsalz

Kochsalz
ist durch folgende Eigenschaften gekennzeichnet:
Dichte: 2,16 g/cm^3,
Schmelztemperatur: 808 °C,
Siedetemperatur: 1465 °C,
löslich in Wasser,
festes Kochsalz leitet den elektrischen Strom nicht,
eine wässrige Kochsalzlösung leitet den elektrischen Strom,
nicht brennbar.

3. Erkennen von Stoffeigenschaften

Reinstoffe haben ganz bestimmte, gleichbleibende Eigenschaften, die entweder grob durch unsere Sinne wahrgenommen oder genau mithilfe exakter Messverfahren und experimenteller Methoden ermittelt werden können.

Exakte Messverfahren ergeben bei gleichen Stoffen nur dann gleiche Werte, wenn immer gleiche Messbedingungen eingehalten werden.

Geruch, Geschmack, Farbe, Klang, Härte und ähnliche Eigenschaften können wir mit unseren Sinnesorganen wahrnehmen. Je nach Beurteilung durch den Prüfer können hier jedoch subjektive Abweichungen auftreten. Manche Stoffeigenschaften lassen sich mithilfe objektiver Messgeräte feststellen. Dichte, Schmelztemperatur, Siedetemperatur, Löslichkeit, elektrische Leitfähigkeit sind Eigenschaften, die sich auf diese Art exakt ermitteln lassen.

3.1 Dichte eines Stoffes

Die Dichte eines Stoffes ist abhängig von seiner Temperatur und, besonders bei Gasen, auch vom Druck. Dichte (bezeichnet mit dem griechischen Buchstaben Rho ρ) ist der Quotient aus Masse (m) und Volumen (V) eines Körpers. Die Formel lautet: $\rho = \frac{m}{V}$. Die Einheit ist g/cm^3.

3.2 Schmelztemperatur, Erstarrungstemperatur

Man versteht darunter die Temperatur, bei der ein bestimmter Reinstoff vom festen in den flüssigen bzw. vom flüssigen in den festen Zustand übergeht. Beim gleichen Reinstoff ergeben sich dabei immer die gleichen Werte, wenn bei gleichem Druck gemessen wird.

3.3 Siedetemperatur, Kondensationstemperatur

Man versteht darunter die Temperatur, bei der ein bestimmter Reinstoff vom flüssigen in den gasförmigen bzw. vom gasförmigen in den flüssigen Zustand übergeht. Beim gleichen Reinstoff ergeben sich dabei immer die gleichen Werte, wenn bei gleichem Druck gemessen wird.

Dichten, Schmelz- und Siedetemperaturen einiger Substanzen (bei Normdruck von 1013 hPA)

Substanz	Dichte in g/cm³ bei 20 °C	Schmelztemp. in °C	Siedetemp. in °C
Wasser	0,998	0	100
Weingeist (Alkohol)	0,789	–114,2	78,37
Wasserstoff	0,0008	–259,36	–252,8
Sauerstoff	0,00133	–218,8	–187,97
Kochsalz	2,16	808	1465
Eisen	7,86	1537	2730
Silber	10,50	960,8	1945
Quecksilber	13,545	–38,8	356,9
Platin	21,45	1773,5	4000

3.4 Löslichkeit eines Stoffes

Stoffe sind in einer bestimmten Flüssigkeit (*Lösungsmittel*) entweder leicht löslich, schwer löslich oder unlöslich. In Wasser beispielsweise ist Kochsalz leicht löslich, Gips schwer löslich und Quarzsand unlöslich.

3.5 Elektrische Leitfähigkeit

Zur Feststellung der elektrischen Leitfähigkeit eines Stoffes wird dieser in einen Stromkreis geschlossen, der neben der Spannungsquelle noch ein Strommessgerät (Amperemeter) enthält. Der Zeigerausschlag des Messgerätes lässt auf die Größe der Leitfähigkeit schließen (*vgl. Abb. 1*).

Leiter – Nichtleiter

Die Prüfung der elektrischen Leitfähigkeit gibt wichtige Hinweise auf die Zuordnung eines Stoffes. So leiten zum Beispiel alle Metalle den elektrischen Strom gut. Salze in festem Zustand sind Nichtleiter, Salzschmelzen jedoch sind gute Leiter. Es gibt aber auch Substanzen, die den Strom weder in festem noch in flüssigem Zustand leiten (zum Beispiel Schwefel, Zucker, Naphthalin).

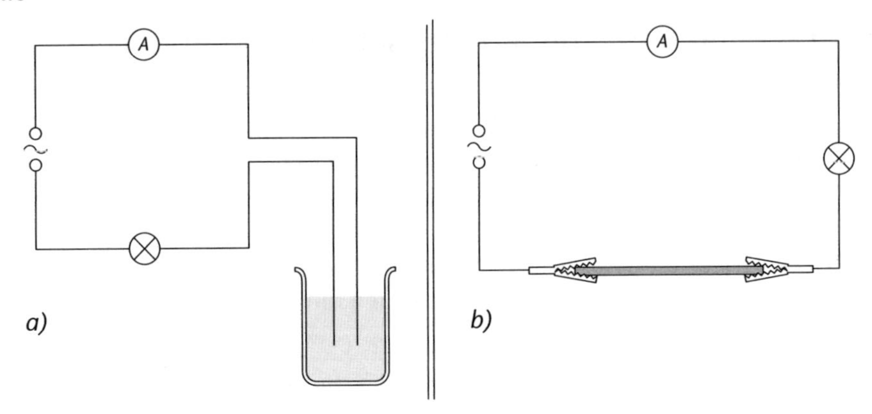

Abb. 1
a) Schaltplan zur Prüfung der elektrischen Leitfähigkeit von Flüssigkeiten
b) Schaltplan zur Prüfung der elektrischen Leitfähigkeit fester Stoffe

4. Trennung von Gemischen

Um feststellen zu können, welche Eigenschaften ein Reinstoff hat, muss dieser erst aus einem Gemisch von anderen Stoffen abgetrennt werden. Es gibt unterschiedliche Trennverfahren. Eines hast du bereits in deiner Sandkastenzeit angewandt, als du durch SIEBEN Steine aus dem Sand entfernt hast.

Probier's aus:
Bei einem Gemisch aus Kochsalz, Sand und Kreidepulver kannst du unterschiedliche Trennverfahren anwenden.

Du brauchst:

250 ml Wasser
1 Esslöffel Kochsalz
1 Esslöffel Sand
etwas zerstoßene Kreide (du bekommst für diesen Versuch bestimmt ein paar Kreidereste von deinem Lehrer)
1 Löffel zum Umrühren
1 Glas
1 Papierfilter
1 Trichter
1 Auffanggefäß
1 Kochgefäß
Herd

So wird's gemacht:

- Verrühre ein Gemisch aus Kochsalz, Sand und Kreidepulver mit Wasser in einem Glasgefäß. (Dieses Verfahren nennt der Chemiker AUFSCHLÄMMEN.) Du erkennst: Der schwere unlösliche Sand sinkt in kurzer Zeit auf den Boden des Gefäßes. Trennverfahren: SEDIMENTATION.

Aufschlämmen

Sedimentation

- Das Wasser hat sich durch die Kreide getrübt. Setze ein feinporiges Papierfilter in einen Trichter auf ein Auffanggefäß und gieße das Wasser vorsichtig in das Filter, sodass der Sand zurückbleibt. (Dieses Verfahren nennt man DEKANTIEREN.) Du erkennst: Die Kreideteilchen gehen nicht durch die Poren. Sie bleiben im Filter zurück. Trennverfahren: FILTRATION.

Dekantieren

Filtration

- Nun befindet sich nur noch die klare Kochsalzlösung in dem Auffanggefäß. Erhitze das Salzwasser in einem Kochtopf, bis es siedet. Du erkennst: Das Wasser verdampft, und das Kochsalz bleibt zurück. Trennverfahren: ERHITZEN.

Erhitzen

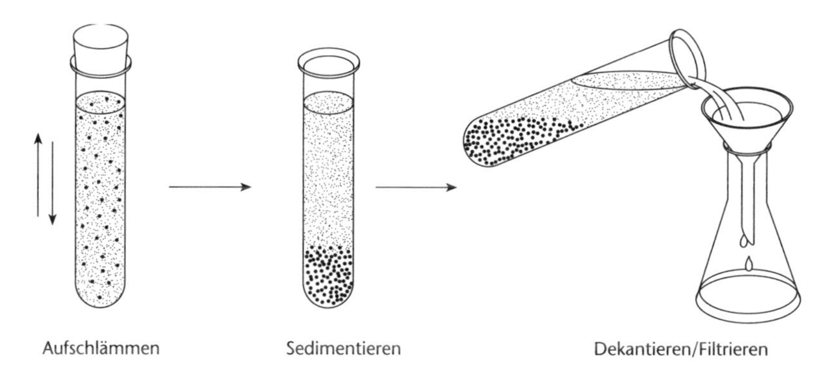

Abb. 2
Verschiedene Trennverfahren

Durch Erhitzen kannst du auch Alkohol von Wasser (homogenes Gemisch) trennen. Alkohol hat eine niedrigere Siedetemperatur und siedet deshalb eher als Wasser. Die Alkoholdämpfe werden in einem Kühler aufgefangen und wieder kondensiert. Dieses Trennverfahren nennt man DESTILLATION.

Aufgaben

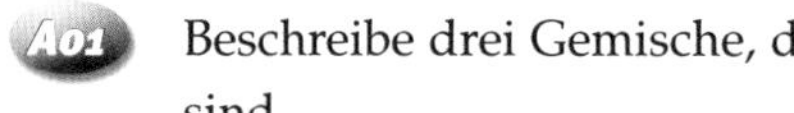

A01 Beschreibe drei Gemische, die dir aus dem täglichen Leben bekannt sind.

A02 In zwei völlig gleichen Küchengefäßen, bei denen jeweils die Aufschrift verloren gegangen ist, befindet sich einmal Zucker und einmal Salz.
Wie kannst du beide Substanzen unterscheiden?

A03 Was geschieht mit dem Inhalt eines Teebeutels, wenn du (zum Beispiel in einer Teekanne) heißes Wasser darübergießt?

A04 Wie kann man ein Gemisch aus Eisen- und Schwefelpulver trennen?

A05 In einem Behälter befinden sich 20 Metallkugeln, die alle völlig gleich aussehen. 19 bestehen aus Silber, eine aus Platin. Wie kann man die Platinkugel herausfinden?

A06 Warum kann man aus Zuckerwasser den im Wasser gelösten Zucker nicht durch Filtrieren abtrennen?

A07 Aus Milch können die darin fein verteilten Fetttröpfchen durch Zentrifugieren abgetrennt werden. Wie kann dieser Vorgang erklärt werden?

A08 Wie kann man aus Salzwasser, in dem auch Alkohol gelöst ist, die einzelnen Bestandteile zurückgewinnen?

A09 Ein Gemisch aus Quarzsand, Korkstückchen und Kochsalz soll in seine Bestandteile getrennt werden. Die Korngröße aller Teilchen ist etwa gleich, sodass die Trennung mit einem Sieb ausscheidet.

Die chemische Reaktion

Schon beim Wechsel der Jahreszeiten kannst du beobachten, dass nichts so bleibt, wie es ist. Alles verändert sich. Wasser wird im Winter zu Eis, die Blumen des Frühlings verwelken, nicht geerntete Früchte des Sommers faulen, die Blätter der Bäume färben sich im Herbst. Je nachdem wie ein Stoff verändert wird, handelt es sich um einen physikalischen oder einen chemischen Vorgang.

1. Physikalischer Vorgang

Die Überführung eines Stoffes von einem Aggregatzustand in einen anderen nennt man einen **physikalischen Vorgang**, weil sich an der Zusammensetzung des Stoffes nichts ändert. Die kleinsten Teilchen von Eis (*festes Wasser*), flüssigem Wasser und Wasserdampf (*gasförmiges Wasser*) bestehen alle aus Wasser.

Die Auflösung einer Substanz in einem Lösungsmittel ist ebenfalls ein physikalischer Vorgang. Nach Verdampfen des Lösungsmittels erhält man die gelöste Substanz unverändert zurück. Beim Auflösen von Zucker in Wasser bildet sich ein homogenes Gemisch. Die kleinsten Teile dieses Gemisches bestehen aber immer noch aus Zucker bzw. Wasser. Der Zucker wurde in seine kleinstmöglichen Teilchen aufgeteilt; er wurde jedoch in seiner Zusammensetzung nicht verändert.

2. Chemischer Vorgang (chemische Reaktion)

Bei einer **chemischen Reaktion** wandeln sich Stoffe in neue Stoffe mit völlig anderen Eigenschaften um. Die neu entstandenen Stoffe nennt man **Reaktionsprodukte**. Sie unterscheiden sich deutlich von den **Ausgangsstoffen (Edukten)**.

Analyse

Synthese

Man bezeichnet eine chemische Reaktion als eine **Analyse**, wenn eine chemische Verbindung in die ihr zugrunde liegenden Elemente zerlegt wird. Von einer **Synthese** spricht man, wenn aus Elementen eine chemische Verbindung aufgebaut wird.

Erhitzt man den Reinstoff Silberoxid (ein schwarzes Pulver) in einem Reagenzglas, so bildet sich eine fast weiße metallische Substanz (Silber). Außerdem entweicht ein farbloses Gas (Sauerstoff). Aus dem Reinstoff Silberoxid wurden durch Energiezufuhr zwei neue Reinstoffe mit völlig anderen Eigenschaften gebildet. Aus dem schwarzen Pulver entstanden ein Metall und ein Gas.

Wortgleichung

Alle chemischen Reaktionen lassen sich in **Wortgleichungen** fassen. Die Veränderung von Stoffen wird dabei durch einen Pfeil (Reaktionspfeil) ausgedrückt. Für die Reaktion von Silberoxid lautet die Wortgleichung:

$$\text{Silberoxid} \xrightarrow{+\text{ Energie}} \text{Silber} + \text{Sauerstoff}$$

Du liest die Wortgleichung so: Silberoxid reagiert unter Energiezufuhr zu Silber und Sauerstoff.

Dieser Vorgang ist eine Analyse: Silberoxid wurde in seine ihm zugrunde liegenden Elemente Silber und Sauerstoff zerlegt.

Entzündet man ein Gemisch aus Eisenpulver und Schwefelpulver, so erfolgt unter starkem Aufglühen (Energieabgabe) eine chemische Reaktion. Dabei entsteht ein neuer Stoff mit Eigenschaften, die sich wesentlich von denen des Eisens oder des Schwefels unterscheiden. Der neue Stoff heißt Eisensulfid. Für diese Reaktion lautet die Wortgleichung:

$$\text{Eisen} + \text{Schwefel} \longrightarrow \text{Eisensulfid} + \text{Energie}$$

Du liest die Wortgleichung so: Eisen und Schwefel reagieren unter Energieabgabe zu Eisensulfid.

Dieser Vorgang ist eine Synthese: Aus den Elementen Eisen und Schwefel wurde eine Verbindung (Eisensulfid) aufgebaut.

Welche der folgenden Beispiele können als physikalische, welche als chemische Vorgänge bezeichnet werden? Begründe deine Aussage!

a) „Goldkörner" werden geschmolzen, das flüssige Gold wird in Formen gegossen, in denen es zu Goldbarren erstarrt.

b) Magnesiumband wird angezündet. Es verbrennt mit grellweißer Flamme. Als Rückstand bleibt ein weißes Pulver übrig.

c) Ein Stück Würfelzucker wird in heißem Wasser aufgelöst.

d) Eisen rostet an feuchter Luft.

Welche physikalischen oder chemischen Vorgänge laufen bei folgenden Beispielen ab?

a) Ein volles Parfumfläschchen aus Glas fällt zu Boden und zerbricht. Nach kurzer Zeit verbreitet sich der Parfumduft im Raum.

b) Im Vergaser eines Autos wird Benzin „vergast" und dabei mit Luft vermischt. Dieses Gemisch wird in den Zylindern des Motors gezündet. Durch den Explosionsdruck werden die Kolben in den Zylindern des Motors bewegt.

B03 Schwefel verbrennt mit Sauerstoff. Dabei wird Hitze frei und es entweicht Schwefeldioxid als stechend riechendes Gas. Wie lautet die Wortgleichung für diesen chemischen Vorgang?

B04 Handelt es sich beim Vorgang in Aufgabe B 3 um eine Analyse oder um eine Synthese? Begründe deine Entscheidung!

3. Energiebeteiligung bei chemischen Reaktionen

Reaktionsablauf

Bei chemischen Reaktionen wird stets Energie umgesetzt. Häufig tritt dabei Wärme als Energieform auf. Energie tritt jedoch auch als Licht, Bewegung oder Elektrizität auf. Eine Reaktion, bei der Energie freigesetzt wird, bezeichnet man als **exotherm**. Muss zur Aufrechterhaltung einer Reaktion ständig Energie zugeführt werden, dann nennt man sie **endotherm**.

Die bei chemischen Reaktionen beteiligte Energie muss nicht immer nur Wärme sein. Energie kann unter anderem auch als Licht (zum Beispiel bei einer brennenden Kerze), als mechanische Energie (zum Beispiel Bewegung des Kolbens im Verbrennungsmotor) oder als elektrische Energie (zum Beispiel Taschenlampenbatterien, Knopfzellen, Akkus) auftreten.

exotherm

endotherm

Bei einer exothermen Reaktion sind die Edukte (Ausgangsstoffe) energiereicher als die Reaktionsprodukte. Die Reaktion Schwefel + Sauerstoff → Schwefeldioxid + Energie ist eine exotherme Reaktion. Bei einer endotherm ablaufenden Reaktion sind die Reaktionsprodukte energiereicher als die Edukte. Die Reaktion Silberoxid + Energie → Silber + Sauerstoff ist eine endotherme Reaktion.

Die umgesetzte Energie bei chemischen Reaktionen wird in **Kilojoule** (kJ) angegeben. Damit du dir diese Maßeinheit besser vorstellen kannst, ein Beispiel: Um ein Kilogramm Wasser um 1 °C (genauer: von 14,5 °C auf 15,5 °C) zu erwärmen, sind 4,19 kJ nötig.

3.1 Aktivierungsenergie

Bei vielen exothermen Reaktionen, bei denen oft eine beträchtliche Energieabgabe erfolgt, beginnt der Reaktionsablauf nicht von selbst. Die trägen Reaktionspartner (Edukte) müssen erst durch Zufuhr einer gewissen Energiemenge in einen reaktionsbereiten (aktivierten) Zustand gebracht werden. Diese „Startenergie" nennt man **Aktivierungsenergie**. Nach dem Start ist bei exothermen Reaktionen für den weiteren Ablauf keine Energiezufuhr von außen mehr nötig.

Beispiele für die Zufuhr von Aktivierungsenergie:

- Ein Holzspan muss erst mit einem Streichholz angezündet werden. Dann brennt er von selbst weiter.
- Die Flamme eines Gasherdes wird mit dem Funken eines Gasanzünders gezündet.
- Ein Gemisch aus Schwefel- und Eisenpulver reagiert bei Zimmertemperatur nicht. Erhitzt man es jedoch an einer Stelle (zum Beispiel mit einem glühenden Draht), so beginnt die Reaktion und wandert selbstständig durch das ganze Gemisch.

4. Gesetz von der Erhaltung der Masse

Wiegt man vor und nach einer chemischen Reaktion die Massen der Ausgangs- und Endprodukte, so kann man feststellen, dass die Masse der Reaktionsprodukte jeweils genauso groß ist wie die Masse aller Edukte. Daraus ergibt sich das Gesetz:

Regel

Bei allen chemischen Reaktionen bleibt die Gesamtmasse der Reaktionspartner erhalten.

Schließt man zum Beispiel einen Zündholzkopf dicht in ein Reagenzglas ein, so erhält man ein „geschlossenes System". Man wiegt das Reagenzglas mit dem Inhalt, bringt dann den Zündholzkopf durch kurzes Erhitzen über einer Flamme zur Reaktion und wiegt anschließend wieder. Es ist keinerlei Gewichtsunterschied festzustellen. Aus dem geschlossenen Reagenzglas konnten keine Reaktionsprodukte entweichen.

5. Gesetz von den konstanten (= gleichbleibenden) Massenverhältnissen

Um zu gesicherten Erkenntnissen zu kommen, die zur Ableitung von Gesetzen ausreichen, sind in der Chemie häufig eine Vielzahl von gleichartigen Versuchen nötig.

Stellt man den Mittelwert in einer Versuchsreihe fest, so erreicht man, dass Messfehler (Ablesefehler, Wägefehler usw.) möglichst klein gehalten werden können. Durch Auswertung von Wägungen bei vielen Versuchen konnte folgendes Gesetz abgeleitet werden:

In einer chemischen Verbindung sind die Elemente in einem ganz bestimmten Massenverhältnis enthalten.

Aus dem Protokoll zu Wägeversuchen bei der Synthese von Eisensulfid kann dieses Gesetz für Eisen und Schwefel abgeleitet werden:

Wägeversuch

Masse eingewogenes Eisen (in g)	Masse entstandenes Eisensulfid (in g)	Massenzunahme = gebundener Schwefel (in g)	Massenverhältnis Eisen : Schwefel
1,16	1,81	0,65	1 : 0,56
2,25	3,54	1,29	1 : 0,57
0,55	0,86	0,31	1 : 0,56
1,20	1,91	0,71	1 : 0,59
1,45	2,20	0,85	1 : 0,59
0,83	1,29	0,46	1 : 0,55
1,00	1,58	0,58	1 : 0,58
2,38	3,70	1,32	1 : 0,55
1,90	2,99	1,09	1 : 0,57
1,50	2,36	0,86	1 : 0,57

Aus dem Mittel dieser Werte ergibt sich: Eisen und Schwefel verbinden sich im Massenverhältnis 1 : 0,57.

6. Gesetz von den multiplen (= vielfachen) Massenverhältnissen

Häufig können zwei Elemente zwei oder mehr verschiedenartige Verbindungen miteinander eingehen. Dabei zeigt sich die Gesetzmäßigkeit:

Regel

> Bilden zwei Elemente mehrere verschiedene Verbindungen miteinander, so stehen die Massen jeweils eines Elements in diesen Verbindungen zueinander im Verhältnis kleiner ganzer Zahlen.

Kohlenstoff und Sauerstoff bilden zwei Verbindungen. In der einen Verbindung (CO) ist das Massenverhältnis Kohlenstoff : Sauerstoff wie 1 : 1,33, in der anderen Verbindung (CO_2) wie 1 : 2,66. Die Massen, in denen der Kohlenstoff in beiden Verbindungen auftritt, stehen zueinander im Verhältnis 1 : 1. Die Massen des Sauerstoffs stehen in diesen Verbindungen zueinander im Verhältnis 1 : 2 (1,33 : 2,66 = 1 : 2).

3 g Kohlenstoff verbinden sich mit 8 g Sauerstoff zu Kohlenstoffdioxid. Dabei wird Energie frei. Wie viel Gramm Kohlenstoffdioxid entstehen? Welches Gesetz findet hier Anwendung?

Auf der einen Seite einer Balkenwaage ist ein Büschel feiner Stahlwolle befestigt. Die Waage ist so austariert, dass der Zeiger in Mittelstellung schwingt. Entzündet man die Stahlwolle, so erfolgt unter Aufglühen eine chemische Reaktion. Nach Reaktionsende ist das Verbrennungsprodukt deutlich schwerer als die unverbrannte Stahlwolle. Steht diese Beobachtung im Widerspruch zum Gesetz von der Erhaltung der Masse? Begründe deine Aussage!
(Diese Aufgabe ist zum Knobeln; du schaffst sie aber sicher auch!)

austarieren = ins Gleichgewicht bringen

Teilchenstruktur der Materie

1. Atome und Moleküle

Bereits ca. 400 v. Chr. vermuteten die Philosophen LEUKIPP und DEMOKRIT, dass alle Dinge aus kleinsten, nicht mehr teilbaren Teilchen bestehen. JOHN DALTON führte viele Experimente zu dieser philosophischen Spekulation durch und stellte folgende Hypothese auf:

DALTON (1766–1844), englischer Naturwissenschaftler

Die Elemente bestehen aus kleinsten, chemisch nicht mehr teilbaren Teilchen, den Atomen. Die Atome haben eine für jedes Element charakteristische Masse und Größe.

Eine **chemische Verbindung** aus zwei Elementen kann sich also nur bilden, wenn sich eine bestimmte Anzahl von Atomen des einen Elements mit einer bestimmten Anzahl von Atomen eines anderen Elements vereinigt. Die so entstandenen kleinsten Teilchen einer chemischen Verbindung werden als **Moleküle** bezeichnet.

atomos (griech.) = unteilbar

Molekül

Beispiele:

1 Atom A + 1 Atom B → 1 Molekül der Verbindung AB
oder
2 Atome A + 1 Atom B → 1 Molekül der Verbindung A_2B
oder
3 Atome A + 2 Atome B → 1 Molekül der Verbindung A_3B_2

Es können auch mehrere verschiedene Atome zu einer Verbindung zusammentreten, zum Beispiel:

2 Atome A + 6 Atome B + 1 Atom C →
1 Molekül der Verbindung A_2B_6C

Atome treten in der Natur nur selten einzeln auf. Die kleinsten Teilchen der meisten Stoffe sind aus zwei oder mehreren (gleichartigen oder unterschiedlichen) Atomen zusammengesetzt. Stoffe, deren kleinste Teilchen aus gleichartigen Atomen bestehen, nennt man **Elemente**.

Element

Beispiele für Elemente:
1 Molekül Sauerstoff besteht aus 2 Sauerstoffatomen.
1 Molekül Schwefel setzt sich aus 8 Schwefelatomen zusammen.
Die kleinsten Teilchen von Helium (ein Edelgas) sind jedoch einzelne Heliumatome, die mit keinem anderen Atom verknüpft sind.

Stoffe, deren kleinste Teilchen aus verschiedenartigen Atomen aufgebaut sind, bezeichnet man als **chemische Verbindungen**.

chemische Verbindung

Beispiele für chemische Verbindungen:
1 Molekül Wasser ist aus 1 Sauerstoffatom und 2 Wasserstoffatomen aufgebaut. 1 Molekül Essigsäure ist aus 2 Kohlenstoff-, 2 Sauerstoff- und 4 Wasserstoffatomen zusammengesetzt.

2. Chemische Symbol- und Formelsprache

Berzelius (1779–1848), schwedischer Chemiker

Um chemische Vorgänge möglichst einfach und übersichtlich, aber trotzdem umfassend beschreiben zu können, hat Jöns Jakob Berzelius eine chemische Zeichensprache eingeführt. Zur Kennzeichnung chemischer Elemente verwendete er Symbole. Diese beruhen auf den Anfangsbuchstaben und oft auch einem weiteren Buchstaben, die dem wissenschaftlichen Namen (meist griechische oder lateinische Bezeichnung) der Elemente entnommen sind.

Symbole für einige chemische Elemente:

Element	Symbol	Element	Symbol
Aluminium	Al	Sauerstoff (Oxygenium)	O
Brom	Br	Calcium	Ca
Wasserstoff (Hydrogenium)	H	Eisen (Ferrum)	Fe
Gold (Aurum)	Au	Kohlenstoff (Carboneum)	C
Quecksilber (Hydrargyrum)	Hg	Kalium	K
Silber (Argentum)	Ag	Kupfer (Cuprum)	Cu
Platin	Pt	Magnesium	Mg
Zink	Zn	Natrium	Na
Helium	He	Stickstoff (Nitrogenium)	N
Neon	Ne	Schwefel (Sulfur)	S

Mithilfe der Elementsymbole lässt sich die Zusammensetzung der verschiedenen chemischen Verbindungen beschreiben. Dabei steht ein Elementsymbol für ein Atom des betreffenden Elementes. Häufig kommt in einem

Molekül eine Atomsorte öfter als einmal vor. Darauf weist ein **Index** (eine tiefgestellte Zahl) hinter dem jeweiligen Elementsymbol hin.
Beispiel: Ein Molekül Sauerstoff besteht aus zwei Sauerstoffatomen. Du schreibst: O_2.

chemische Formel

Eine **chemische Formel** ist eine Aneinanderreihung von Elementsymbolen, wobei jeweils durch einen Index angezeigt wird, ob eine Atomsorte mehr als einmal in einem Molekül vorkommt.

1 Molekül der chemischen Verbindung Kohlenstoffdioxid zum Beispiel besteht aus 1 Atom Kohlenstoff und 2 Atomen Sauerstoff. Die chemische Formel muss also lauten: CO_2.

Wasser setzt sich aus 2 Atomen Wasserstoff und 1 Atom Sauerstoff zusammen; Formel: H_2O. CH_4 ist die Formel für Methan. Diese Formel besagt, dass 1 Molekül Methan aus 1 Kohlenstoffatom und 4 Wasserstoffatomen aufgebaut ist.

In Worten ausgedrückt wird die Anzahl der Atome durch Vorsetzen des griechischen Zahlworts angegeben:

-mono-	= 1	-hexa-	= 6
-di-	= 2	-hepta-	= 7
-tri-	= 3	-okta-	= 8
-tetra-	= 4	-nona-	= 9
-penta-	= 5	-deka-	= 10

Beispiele, wie chemische Formeln ausgesprochen werden:

- CO = Kohlenstoffmonooxid (verkürzt: Kohlenmonoxid)
- SO_3 = Schwefeltrioxid
- Fe_3O_4 = Trieisentetraoxid
- CO_2 = Kohlenstoffdioxid (verkürzt: Kohlendioxid)
- Al_2O_3 = Dialuminiumtrioxid
- P_4O_{10} = Tetraphosphordekaoxid

Aufgaben

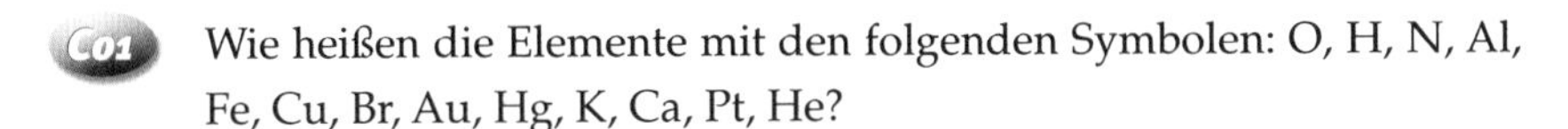

C01 Wie heißen die Elemente mit den folgenden Symbolen: O, H, N, Al, Fe, Cu, Br, Au, Hg, K, Ca, Pt, He?

C02 Wie lauten die chemischen Symbole für folgende Elemente: Silber, Zink, Neon, Kohlenstoff, Magnesium, Chlor?

C03 Bei welchen Formeln ist das kleinste Teilchen ein Atom und bei welchen ein Molekül: H_2, H_2O, K, Br_2, Au, CO_2, CO?

C04 Wie lautet die Reaktionsgleichung, wenn Wasser aus den Elementen gebildet wird?

C05 Wie lauten die Namen für folgende Verbindungen: Fe_2O_3; NO; NO_2; N_2O_4?

C06 Wie viele Elemente kommen in folgenden Verbindungen vor: SO_2; C_2H_6; $NaHSO_4$; $Ca(HCO_3)_2$?
(Diese Aufgabe ist zum Knobeln; du schaffst sie aber sicher auch!)

C07 Wie viele Atome kommen in folgenden Formeln vor: H_2O; $ZnBr_2$; $CaCO_3$; $Ca(HCO_3)_2$; $CaSO_4$?

3. Stöchiometrische Wertigkeit

Unterschiedliche Atome können sich nicht in beliebigen Zahlenverhältnissen miteinander verbinden. Der Begriff der **stöchiometrischen Wertigkeit** (zahlenmäßige Wertigkeit) ermöglicht uns, die Zahlenverhältnisse in einer chemischen Formel richtig festzulegen. Zum Beispiel ist Wasserstoff stets einwertig, Sauerstoff meistens zweiwertig.

Die stöchiometrische Wertigkeit eines Elements gibt an, wie viele Wasserstoffatome ein Atom dieses Elements zu binden oder zu ersetzen vermag.

Beim Aufstellen einer Formel ist zu beachten, dass die Summe der Wertigkeiten zweier Elemente, die sich verbinden, gleich sein muss.

Beispiele: Der Sauerstoff bindet im Wasser 2 Atome Wasserstoff. Sauerstoff wird deshalb als zweiwertig bezeichnet. Aus dem gleichen Grund ist Kohlenstoff vierwertig, denn er kann 4 Wasserstoffatome binden (CH_4). Auch im Kohlenstoffdioxid ist der Kohlenstoff vierwertig, denn er ist mit 2 Atomen des fast immer zweiwertigen Sauerstoffs verbunden (CO_2).

Aluminium ist im Dialuminiumtrioxid dreiwertig. Die Formel muss also Al_2O_3 heißen, denn die Summe der Wertigkeit von 2 Atomen Aluminium ($2 \cdot 3 = 6$) ist gleich der Summe der Wertigkeit von 3 Atomen Sauerstoff ($3 \cdot 2 = 6$).

Bei zahlreichen Elementen kann sich im Verlauf chemischer Reaktionen die Wertigkeit ändern. Ein Element kann deshalb in verschiedenen Verbindungen mit verschiedenen Wertigkeiten auftreten.

Beispiel: Im Schwefeldioxid SO_2 ist Schwefel vierwertig, denn er ist mit 2 Atomen Sauerstoff verbunden. Im Schwefeltrioxid SO_3 dagegen ist Schwefel sechswertig, denn er bindet 3 Atome zweiwertigen Sauerstoffs.

4. Chemische Gleichung

Reaktionsgleichung

Zur exakten Angabe der Stoffveränderung bei einer chemischen Reaktion stellt man eine **Reaktionsgleichung** auf. Der Begriff Gleichung kann sich hier im mathematischen Sinne jedoch nur auf die Massen der Ausgangs- und Endstoffe beziehen, nicht jedoch auf die Eigenschaften der Stoffe. Die Veränderung der Ausgangsstoffe wird durch einen Reaktionspfeil angegeben. Der Energieumsatz wird durch das Symbol ΔH (Δ = der griechische Buchstabe Delta) ausgedrückt. Es steht rechts neben der Gleichung. Der Wert für ΔH erhält bei exothermen Vorgängen (Energie wird frei) ein negatives, bei endothermen Vorgängen (Energie wird aufgenommen) ein positives Vorzeichen. Die Summe der beteiligten Elementsymbole muss links und rechts des Reaktionspfeils gleich sein.

$$Fe + S \rightarrow FeS; \qquad -\Delta H$$
$$2\,Ag_2O \rightarrow 4\,Ag + O_2; \qquad +\Delta H$$

Die Reaktionsgleichung $Ag_2O \rightarrow 2\,Ag + O$ ist chemisch nicht richtig, weil Sauerstoff hier nicht atomar (Einzelatome), sondern molekular (je 2 Sauerstoffatome bilden ein Molekül) auftritt. Die Gleichung muss also mit 2 multipliziert werden, damit sie chemisch richtig ist.

Die Gleichung für die Reaktion von Wasserstoff mit Sauerstoff lautet:

$$2\,H_2 + O_2 \rightarrow 2\,H_2O; \qquad -\Delta H$$

Auch hier kann nicht $2\,H + O \rightarrow H_2O$ geschrieben werden, weil Wasserstoff und Sauerstoff, wie viele andere Gase auch, molekular auftreten.

Aufgaben

C08 Welche stöchiometrische Wertigkeit hat Schwefel in der Verbindung H_2S?

C09 Wie heißt die chemische Formel für eine Verbindung aus Stickstoff und Wasserstoff, in welcher der Stickstoff dreiwertig ist?

C10 Magnesium verbrennt mit Sauerstoff mit grellweißer Flamme zu einem weißen Pulver. Im Reaktionsprodukt ist Magnesium zweiwertig. Wie lautet die Reaktionsgleichung?

Welche Wertigkeit hat Stickstoff in den Verbindungen: NO; NO_2; N_2O_3; N_2O_5?

Ein Gemisch aus Aluminiumpulver und Dieisentrioxid wird zur Reaktion gebracht. Unter heftigem Aufglühen entstehen flüssiges Eisen und Dialuminiumtrioxid. Wie lautet die Reaktionsgleichung? (Diese Aufgabe ist zum Knobeln; du schaffst sie aber sicher auch!)

Magnesium reagiert mit Wasserdampf unter Aufglühen, dabei entstehen Magnesiumoxid und Wasserstoff. Wie lautet die Reaktionsgleichung?

Ist die Verbindung H_4O möglich? Begründe die Aussage!

5. Größe und Masse der kleinsten Teilchen

Die Größe und die Masse der kleinsten Teilchen sind unvorstellbar klein. Die **Durchmesser** von Atomen und Molekülen werden in **Pikometer** (pm) angegeben.

milli ≙ 10^{-3}
mikro ≙ 10^{-6}
nano ≙ 10^{-9}
piko ≙ 10^{-12}

$$1 \text{ Pikometer} = \frac{1}{1\,000\,000\,000\,000} \text{ m} = 10^{-12} \text{ m}$$

Ein Wasserstoffatom zum Beispiel hat den Durchmesser von 60 pm; der Durchmesser eines Sauerstoffatoms beträgt 120 pm, der eines Natriumatoms liegt bei 372 pm.

Gibt man die **Masse** eines einzelnen Atoms in Gramm (g) an, so ergeben sich Dezimalbrüche, die sich frühestens ab der 22. Stelle nach dem Komma von null unterscheiden. Ein Kupferatom „wiegt" zum Beispiel 0,000000000000000000000106 g.

Atommasseneinheit

Um beim Rechnen mit Atommassen solche unförmigen Zahlengebilde zu vermeiden, hat man eine eigene **Atommasseneinheit** mit dem Kurzzeichen u (von engl. unit = Einheit) eingeführt.

$1 \text{ u} = {}^{1}/_{12}$ der Masse eines Kohlenstoffatoms

(*Näheres siehe Kapitel C 7.*)

In Gramm ausgedrückt ist $1 \text{ u} = \dfrac{1}{6{,}022 \cdot 10^{23}} \text{ g}$

Atommassen einiger Elemente:

Element	u	Element	u
Wasserstoff	1,00794	Chlor	35,453
Sauerstoff	15,9994	Eisen	55,847
Natrium	22,9898	Kupfer	63,546
Magnesium	24,305	Quecksilber	200,59
Schwefel	32,066	Silber	107,868

Molekülmasse

Als **Molekülmasse** bezeichnet man die Summen der Atommassen, aus denen ein Molekül zusammengesetzt ist. Sie wird ebenfalls in der Einheit u angegeben. 1 Molekül Wasser besteht aus 2 Wasserstoffatomen und 1 Sauerstoffatom. Die Molekülmasse des Wassers beträgt demnach $2 \cdot 1{,}00794$ u + 15,9994 u = 18,01528 u.

C15 Was besagt die Atommasseneinheit u?

C16 Die Atommasse von Sauerstoff ist 15,9994 u. Was bedeutet dies?

C17 Welche Molekülmasse hat Schwefeldioxid?

C18 Wasser hat die Molekülmasse 18,01528 u. Wie viele Moleküle Wasser sind in 1 l (= 1000 g) Wasser enthalten?

C19 Ein Würfel Natrium mit der Kantenlänge 1 cm hat die Masse 0,97 g. Welche Länge hätte die Reihe aller Natriumatome dieses Würfels, wenn diese einzeln aneinandergereiht würden? Der Durchmesser eines Natriumatoms beträgt 372 pm.
(Diese Aufgabe ist zum Knobeln; du schaffst sie aber sicher auch!)

6. Aggregatzustände von Reinstoffen

Ein Reinstoff kann entweder fest, flüssig oder gasförmig sein. Der jeweilige Aggregatzustand eines Stoffes ist von den äußeren Bedingungen (Druck, Temperatur) abhängig. Der Reinstoff Wasser zum Beispiel ist bei Normaldruck (1013 hPa, Hektopascal) und bei Temperaturen unter 0 °C fest (= Eis), zwischen 0 °C und 100 °C flüssig und über 100 °C gasförmig (= Dampf).

Der Aggregatzustand eines Stoffes ergibt sich im Wesentlichen aus den Wechselwirkungen zweier Kräfte, die auf seine kleinsten Teilchen (Atome und Moleküle) einwirken.

Anziehungskraft

a) Jedes Teilchen übt auf alle anderen Teilchen eine **Anziehungskraft** aus. Diese Anziehungskraft ist groß, wenn sich die Teilchen nahe sind, und nimmt ab, je mehr sich die Teilchen voneinander entfernen.

Eigenbewegung

b) Jedes Teilchen hat eine **Eigenbewegung**. Aus der Masse eines Teilchens und seiner Geschwindigkeit ergibt sich seine Bewegungsenergie (kinetische Energie).

Bei festen Stoffen wie Kochsalz, Zucker, Kupfer usw. sind bei Zimmertemperatur die Anziehungskräfte wesentlich größer als die Kräfte, die sich aus der Eigenbewegung der Teilchen ergeben.

Bei flüssigen Stoffen, zum Beispiel Wasser oder Alkohol, sind bei Zimmertemperatur die Kräfte aus der Eigenbewegung der Teilchen schon sehr groß, aber die Anziehungskräfte der Teilchen untereinander überwiegen noch.

Bei Gasen wie Sauerstoff, Stickstoff oder Wasserstoff sind bei Zimmertemperatur die Kräfte, die sich aus der Eigenbewegung der Teilchen ergeben, größer als deren Anziehungskräfte. Die Teilchen können sich beliebig voneinander entfernen. Das Gas „dehnt" sich aus, wenn es nicht durch Gefäßwände daran gehindert wird.

Im gasförmigen Aggregatzustand befinden sich die kleinsten Teilchen eines Reinstoffes (Atome oder Moleküle) in dauernder ungeordneter Bewegung. Die Abstände der Teilchen sind verhältnismäßig groß, die Anziehungskräfte treten kaum in Erscheinung.

Presst man ein Gas zusammen (komprimieren), verringern sich die Abstände der Teilchen. Kühlt man ein Gas ab, so vermindert sich die Geschwindigkeit und damit die Bewegungsenergie der kleinsten Teilchen. In beiden Fällen nimmt die Wirksamkeit der Anziehungskräfte immer mehr zu. Bei einem bestimmten Druck oder bei einer bestimmten Temperatur verlieren die Teilchen sprunghaft einen Teil ihrer kinetischen Energie (Bewegungsenergie). Jetzt können sich die Teilchen zwar immer noch regellos durcheinanderbewegen, aber sie können sich wegen der gegenseitigen Anziehungskräfte nicht mehr beliebig voneinander entfernen. Der Stoff ist in den **flüssigen Aggregatzustand** übergegangen. Die frei gewordene Energie nennt man **Kondensationswärme**.

Kondensationswärme

Am Beispiel von „Flüssiggasen" lässt sich die Abhängigkeit des Aggregatzustandes vom Druck und von der Temperatur gut erkennen. Presst man zum Beispiel Butangas kräftig zusammen, so wird es bei einem Druck von 3039 hPa flüssig. Bei diesem Druck kann es in geschlossenen Behältern bei Zimmertemperatur als Flüssigkeit aufbewahrt werden (Beispiel „Feuerzeuggas" als Flüssigkeit in Kartuschen). Bei einem Druck von 1013 hPa (Normaldruck) liegt die Siedetemperatur des Butans bei 0,65 °C.

Benützt man ein Gasfeuerzeug, so wird über ein Ventil der Vorratsbehälter geöffnet und das ausströmende Gas wird durch einen Funken entzündet. Wenn das Gas entweicht, sinkt der Druck im Behälter ab, das „Flüssiggas" beginnt zu sieden. Schließt man das Gasfeuerzeug und damit das Ventil, so siedet die Flüssigkeit weiter, bis sich im Behälter wieder der Druck von 3039 hPa aufgebaut hat.

Kühlt man einen flüssigen Stoff ab, so wird die Bewegungsenergie der einzelnen Teilchen weiter herabgesetzt. Bei einer bestimmten Temperatur verlieren die Teilchen unter dem Einfluss der Anziehungskräfte nochmals sprunghaft einen Teil ihrer Bewegungsenergie. Die verbleibende kinetische Energie der Teilchen reicht nun nicht mehr aus, um die Anziehungskräfte zu überwinden. Die Moleküle (oder Atome) haben ihre freie Beweglichkeit verloren. Sie ordnen sich in einem „Gitter" an und können nur noch Pendelbewegungen an einem bestimmten Platz ausführen. Der Stoff ist in den **festen Aggregatzustand** übergegangen. Die dabei frei gewordene Energie nennt man **Erstarrungswärme**.

Erstarrungswärme

In festem Kupfer zum Beispiel lagern die kleinsten Teilchen in einer „Kugelpackung" aneinander. Die Teilchen sind in einem „Gitter" so angeordnet, dass jedes Teilchen von einer bestimmten Anzahl von Nachbarteilchen umgeben ist.

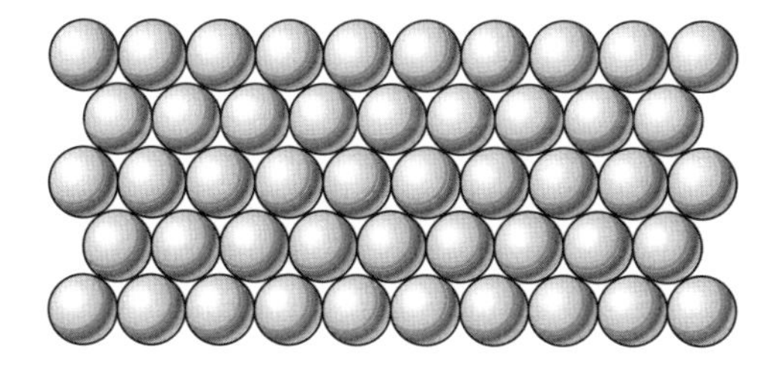

Abb. 3
Kugelpackung kleinster Teilchen

Erhitzt man einen festen Stoff, so geht er bei einer bestimmten Temperatur und bei einem bestimmten Druck unter Aufnahme der Schmelzwärme in den flüssigen Zustand über. Der Feststoff schmilzt. Bei weiterem Erhitzen geht die Flüssigkeit bei einer bestimmten Temperatur und bei einem bestimmten Druck unter Aufnahme der Siede- oder Verdampfungswärme in den gasförmigen Zustand über. Die Flüssigkeit siedet. Die Teilchen bewegen sich regellos im Raum. Dabei stoßen sie gegeneinander und prallen auch gegen die Wände des sie einschließenden Gefäßes. Der Gasdruck ergibt sich aus der Summe der Stöße gegen die Wandungen.

Manche Stoffe können auch vom festen Zustand direkt in den gasförmigen Zustand übergehen **(Sublimation)** und aus dem gasförmigen Zustand direkt in den festen Zustand zurückkehren **(Resublimation)**.

Sublimation
Resublimation

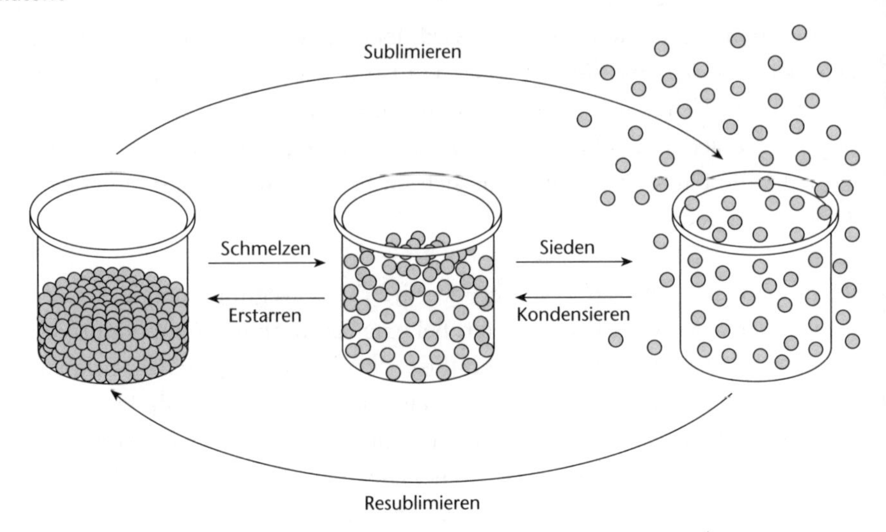

Abb. 4
Übergang eines Stoffes in die Aggregatzustände „fest“, „flüssig“ und „gasförmig“

Verdunstung

Verdunsten: Besonders schnelle (= heiße) Teilchen können eine Flüssigkeit auch unterhalb der Siedetemperatur verlassen. Die Flüssigkeit kühlt dadurch ab, weil die weniger energiereichen Teilchen zurückbleiben. Die verdunsteten Teilchen sind nach allen Seiten frei beweglich und können so aus dem Flüssigkeitsbehälter entweichen. Durch Energieaufnahme aus der Umgebung kann auf diese Weise eine Flüssigkeit allmählich vollständig verdunsten.

Wasser verdunstet wie andere Flüssigkeiten auch unterhalb der Siedetemperatur, weil besonders schnelle Teilchen die Anziehungskräfte innerhalb der Flüssigkeit überwinden und diese verlassen können. Die zurückbleibenden Teilchen nehmen aus der Umgebung Wärmeenergie auf. Dadurch erhalten sie eine größere kinetische Energie und können auch verdunsten.

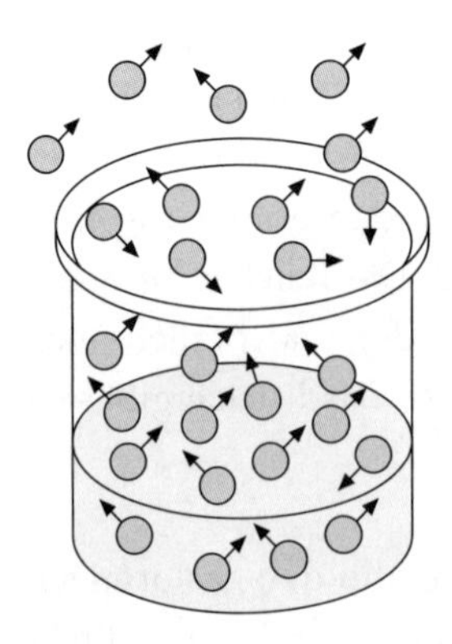

Abb. 5
Eine Flüssigkeit verdunstet

C20 Wann geht ein Stoff vom gasförmigen in den flüssigen Zustand über? Wie nennt man diesen Vorgang?

C21 Warum ist die Zufuhr von Energie notwendig, um einen festen Körper zu schmelzen?

C22 Wasser siedet bei Normaldruck bei einer Temperatur von 100 °C. Warum bleibt diese Temperatur konstant, obwohl dem siedenden Wasser weiterhin Wärmeenergie zugeführt wird?
(Diese Aufgabe ist zum Knobeln; du schaffst sie aber sicher auch!)

C23 Wie ist es zu erklären, dass Wasser auf hohen Bergen bei einer Temperatur siedet, die deutlich unter 100 °C liegt?

7. Mol, molare Masse

Wenn dein Freund dir erzählen würde, er wäre 336 Stunden in Urlaub gewesen, so würdest du ihn bestimmt fragend ansehen. Du würdest dich wahrscheinlich wundern, dass er nicht eine andere Zeiteinheit als Stunden gewählt hat. 336 Stunden sind nämlich auch 14 Tage oder 2 Wochen.

Bei größeren Mengen ist es üblich, nicht einzeln zu zählen, sondern bestimmte **Zähleinheiten** zu benutzen (zum Beispiel 1 Dutzend = 12 Stück).

Beim Zählen von Atomen wendet man das gleiche Prinzip an. Da die winzig kleinen Atome bereits in kleinen Stoffportionen in sehr großer Zahl vorliegen, bündelt man jeweils 602 200 000 000 000 000 000 000 Teilchen zu einer Zähleinheit. Man nennt diese Einheit **1 Mol** (1 mol). Die unübersichtliche Zahl mit den vielen Nullen schreibt man dabei so: $6{,}022 \cdot 10^{23}$.

> Die Stoffmenge 1 mol enthält $6{,}022 \cdot 10^{23}$ Teilchen. **!**

In 2 mol Kupfer sind $2 \cdot 6{,}022 \cdot 10^{23}$ Atome enthalten.
In 15 mol Kupfer sind $15 \cdot 6{,}022 \cdot 10^{23}$ Atome enthalten.

Wie du bereits weißt, reagieren bei chemischen Vorgängen verschiedene Stoffe in ganz bestimmten Massenverhältnissen miteinander. Diese Massenverhältnisse ergeben sich aus der Anzahl der miteinander reagierenden Teilchen. Um berechnen zu können, welche Stoffmassen miteinander reagieren, muss man wissen, wie viele Teilchen eine bestimmte Masse eines Stoffes enthält. Man verwendet in der Chemie deshalb Mengenangaben, die sich auf die Anzahl der Teilchen beziehen. Zur Angabe von Stoffmengen wurde als Stoffmengeneinheit das Mol (Einheitenbezeichnung 1 mol) eingeführt. Man versteht darunter die Anzahl kleinster Teilchen, die in 12 g Kohlenstoff enthalten sind. Dies sind $6{,}022 \cdot 10^{23}$ Teilchen.

Die Zahl $6{,}022 \cdot 10^{23}$ wird AVOGADROsche Zahl N_A genannt.

Aus der Reaktionsgleichung $2\,H_2 + O_2 \rightarrow 2\,H_2O$ wissen wir, dass 2 Moleküle Wasserstoff und 1 Molekül Sauerstoff sich zu 2 Molekülen Wasser verbinden. Es müssen also immer doppelt so viele Wasserstoffmoleküle vorhanden sein wie Sauerstoffmoleküle, wenn die beiden Stoffe vollständig miteinander reagieren sollen. 1000 Sauerstoffmoleküle vereinigen sich also mit $2 \cdot 1000$ Wasserstoffmolekülen ohne Rest zu 2000 Wassermolekülen.
$6{,}022 \cdot 10^{23}$ Sauerstoffmoleküle benötigen zur Wasserbildung die doppelte Anzahl, nämlich $12{,}044 \cdot 10^{23}$ Wasserstoffmoleküle. Das heißt also, 1 mol Sauerstoff verbindet sich mit 2 mol Wasserstoff zu 2 mol Wasser.

molare Masse

Als **molare Masse** eines bestimmten Stoffes versteht man die Summe der Massen aller Teilchen eines Mols dieses Stoffes. Berechnet man die molare Masse in g/mol, so ergibt sich eine *zahlenmäßige* Übereinstimmung mit der Masse eines Teilchens in u.

Drückt man die Zahlenwerte für Atom- oder Molekülmassen in Gramm aus, so erhält man eine Menge eines Stoffes, die $6{,}022 \cdot 10^{23}$ Teilchen, also genau 1 mol enthält. Das Kurzzeichen für die molare Masse ist M. Um die Masse von zum Beispiel 1 mol Sauerstoff in Gramm zu bekommen, muss man die Masse eines Sauerstoffmoleküls mit $6{,}022 \cdot 10^{23}$ multiplizieren. Sauerstoff hat die Molekülmasse 32 u (genauer 31,9988 u).

Ein u sind $\dfrac{1}{6{,}022 \cdot 10^{23}}$ g.

Die Masse von 1 mol Sauerstoff O_2 ist also $\dfrac{32 \cdot 1}{6{,}022 \cdot 10^{23}} \cdot 6{,}022 \cdot 10^{23}$ g.

Da sich die Zahlenwerte $6{,}022 \cdot 10^{23}$ kürzen lassen, ergibt sich ganz einfach: 1 mol Sauerstoff (O_2) hat die Masse 32 g. Die molare Masse von Sauerstoff ist $M = 32$ g/mol.

1 mol Wasser (H_2O) entspricht 18 g, denn die Molekülmasse des Wassers ergibt sich aus $2 \cdot 1\,u + 16\,u = 18\,u$. Der Zahlenwert 18 in Gramm ausgedrückt ergibt also die molare Masse $M(H_2O) = 18$ g/mol.

Aufgaben

C24 Wie lautet die AVOGADROsche Zahl? Was besagt sie?

C25 Wie groß ist die Masse von 2 mol Sauerstoff?

C26 Wie viel Gramm Sauerstoff sind nötig, um 1 mol Kohlenstoff in CO_2 überzuführen?

Wie lange dauert es, alle Wassermoleküle zu zählen, die in 1 mol Wasser enthalten sind? Nimm an, dass in 1 Sekunde 1 Milliarde (= 10^9) Teilchen gezählt werden.
(Diese Aufgabe ist zum Knobeln; du schaffst sie aber sicher auch!)

8. Gesetz von AVOGADRO

Die Masse von Feststoffen und Flüssigkeiten kann man mit der Waage feststellen. Bei Gasen ist es leichter, das Volumen zu ermitteln. Bei Reaktionen, deren Ausgangsstoffe gasförmig sind, zeigt sich, dass die Volumen der beteiligten Gase sich zueinander verhalten wie kleine ganze Zahlen. Ist der gebildete Stoff auch gasförmig, so steht dessen Volumen ebenfalls in einem ganzzahligen Verhältnis zu den Ausgangsstoffen.

Beispiele:

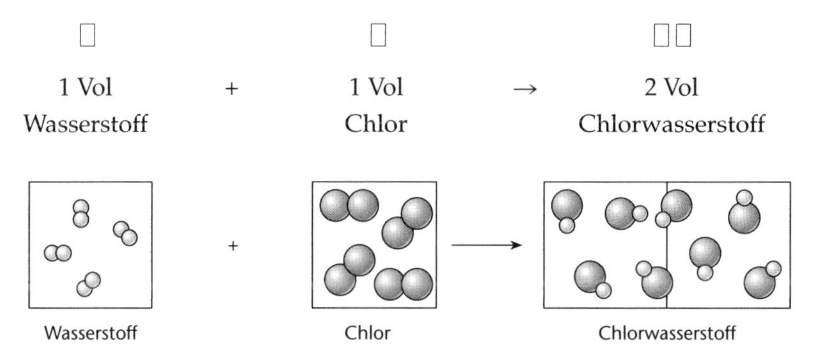

Abb. 6a
1 Volumen Wasserstoff und 1 Volumen Chlor bilden 2 Volumen Chlorwasserstoff

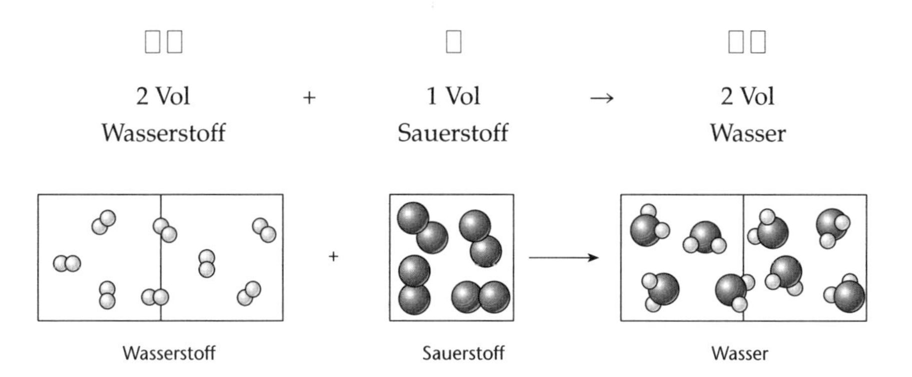

Abb. 6b
2 Volumen Wasserstoff und 1 Volumen Sauerstoff bilden 2 Volumen Wasserdampf

AVOGADRO (1776–1856), italienischer Physiker

AMADEO AVOGADRO stellte 1811 zur Deutung dieser Gesetzmäßigkeiten folgendes Gesetz auf:

Gleiche Raumteile von Gasen enthalten bei gleichem Druck und bei gleicher Temperatur die gleiche Anzahl kleinster Teilchen.

In einem bestimmten Gasvolumen sind also nach AVOGADRO bei gleichem Druck und bei gleicher Temperatur stets gleich viele Teilchen enthalten, unabhängig davon, um welches Gas es sich handelt.

Um aus einer bestimmten Anzahl von Molekülen Sauerstoff Wasser bilden zu können, ist die doppelte Anzahl Wasserstoffmoleküle notwendig. Nach dem Gesetz von AVOGADRO ist diese Forderung erfüllt, wenn ein Volumen Sauerstoff mit dem doppelten Volumen Wasserstoff zur Reaktion gebracht wird.

Gleich viele Gasteilchen nehmen daher bei gleichem Druck und bei gleicher Temperatur das gleiche Volumen ein. 1 mol eines beliebigen Gases muss also bei vergleichbaren Bedingungen immer das gleiche Volumen einnehmen. Die Stoffmenge von Gasen kann deshalb leicht durch Volumenmessungen festgestellt werden. Damit Gasvolumen vergleichbar sind, müssen sie unter den Bedingungen des Normzustands gemessen werden. Dafür wurden festgelegt: 0 °C für die Temperatur und 1013 hPa für den Druck. Bei diesen Bedingungen nimmt 1 mol Gasmoleküle (oder Gasatome bei den Edelgasen) das Volumen von 22,414 Litern (l) ein.

1 mol eines Gases nimmt unter den Bedingungen des Normzustands 22,4 Liter ein.

Damit können auch die Volumen von Gasen leicht berechnet werden, die bei einer Reaktion freigesetzt oder verbraucht werden.

Die Reaktion von Wasserstoff mit Sauerstoff zu Wasserdampf muss eine Volumenverminderung ergeben. Lässt man 2 mol Wasserstoff mit 1 mol Sauerstoff reagieren, so entstehen 2 mol Wasserdampf (bei Temperaturen über 100 °C). 44,8 l Wasserstoff und 22,4 l Sauerstoff ergeben 44,8 l Wasserdampf.

Die Frage, wie viel Liter Sauerstoff aus 10 g Quecksilberoxid freigesetzt werden können, lässt sich durch eine kleine Rechnung leicht beantworten. Die Reaktionsgleichung lautet:

$$2\,HgO \rightarrow 2\,Hg + O_2; \quad +\Delta H$$

Die Atommasse von Quecksilber ist 200,59 u, die von Sauerstoff 16 u. Die Molekülmasse von Quecksilberoxid ist demnach 216,59 u.

433,18 g HgO (= 2 mol) liefern 22,4 l (= 1 mol) Sauerstoff. Daraus ergibt sich: 433,18 g : 22,4 l = 10 g : x l (x = gesuchtes Volumen Sauerstoff)

$$x\,\text{l} = \frac{22{,}4\,\text{l} \cdot 10\,\text{g}}{433{,}18\,\text{g}} = 0{,}517\,\text{l}$$

Aus 10 g Quecksilberoxid kann also etwas mehr als ein halber Liter Sauerstoff freigesetzt werden.

9. Molare Lösungen

Bei chemischen Reaktionen spielt die Teilchenzahl eine entscheidende Rolle. Bei Konzentrationsangaben von Lösungen gibt man deshalb an, wie viel Mol eines Stoffes in 1 l Lösung enthalten sind. Die Einheit für die Stoffmengenkonzentration ist 1 mol/l. In der Praxis werden die Konzentrationen in Vielfachen oder in Bruchteilen dieser Stoffmengenkonzentration angegeben. Eine 1-molare Kochsalzlösung enthält also 1 mol Kochsalz pro Liter Lösung; Kochsalz hat die Formel NaCl; 1 mol NaCl sind deshalb 58,443 g (Atommasse für Natrium = 22,990 u; Atommasse für Chlor = 35,453 u).

Konzentration

Eine 2-molare Kochsalzlösung enthält demnach 116,886 g NaCl pro Liter, eine 0,1-molare Kochsalzlösung 5,8443 g NaCl pro Liter Lösung, und eine 0,01-molare Kochsalzlösung enthält 0,58443 g NaCl pro Liter Lösung.

10. Reaktionswärme

Die bei chemischen Reaktionen frei werdende (exotherme Reaktionen) oder aufgenommene Energie (endotherme Reaktionen) bezeichnet man auch als Reaktionswärme. Das Symbol für Energieumsatz ist ΔH. Wenn der Energieumsatz bei einer Gleichung zahlenmäßig angegeben wird, so beziehen sich diese Werte immer auf Reaktionen, bei denen die Ausgangsstoffe und die Endprodukte in der chemischen Gleichung jeweils in Molmassen anzunehmen sind. Wie du bereits in Kapitel B 3 erfahren hast, verwendet man als Einheit für die Energie das Kilojoule (kJ).

Die Bildung von Wasser (Synthese) aus den Elementen Wasserstoff und Sauerstoff ist stark exotherm. Pro Mol entstandenes Wasser werden 286,60 kJ frei. Die Reaktionsgleichung lautet also vollständig:

$$2\,H_2 + O_2 \rightarrow 2\,H_2O; \qquad \Delta H = -2 \cdot 286{,}60\,\text{kJ}$$

Beim Umsatz von 4 g Wasserstoff mit 32 g Sauerstoff entstehen 36 g Wasser. Dabei werden 2 · 286,60 kJ an Energie frei.

Die Zersetzung (Analyse) von Quecksilberoxid als Beispiel für eine endotherme Reaktion:

$$2\,HgO \rightarrow 2\,Hg + O_2; \qquad \Delta H = +2 \cdot 90{,}87\ kJ$$

Aufgaben

C28 Wie viel Gramm Disilberoxid (Ag_2O) sind nötig, um 11,2 l Sauerstoff daraus zu gewinnen? (Atommasse für Silber = 107,87 u, für Sauerstoff = 16 u)

C29 Welches Volumen nehmen 0,5 g Wasserstoffgas bei einer Temperatur von 0 °C und einem Druck von 1013 hPa ein?

C30 Wie viel Gramm Kochsalz (NaCl) sind in 250 ml einer 1-molaren Kochsalzlösung enthalten?

C31 Wie viel Mol H_2O-Moleküle sind in 30 g Wasser enthalten?

C32 Wie viel Energie (in kJ) wird frei, wenn sich 11,2 l Sauerstoff mit 22,4 l Wasserstoff zu Wasser vereinigen?

C33 Wie viel Liter Sauerstoff sind nötig, um 15 g Magnesium zu Magnesiumoxid (MgO) zu verbrennen?
(Diese Aufgabe ist zum Knobeln; du schaffst sie aber sicher auch!)

C34 250 ml einer 1-molaren Kochsalzlösung sollen so verdünnt werden, dass eine 0,1-molare Kochsalzlösung entsteht. Wie viel Wasser muss zugegeben werden?

C35 Wie viel Gramm Quecksilberoxid (HgO) sind nötig, um daraus so viel Sauerstoff freizusetzen, dass damit 5 g Magnesium vollständig verbrannt werden können?

C36 50 l Chlor werden in einem abgeschlossenen Raum unter den Bedingungen des Normzustands mit 10 g Natrium zur Reaktion gebracht. Wie viel Natriumchlorid entsteht?
Welches Volumen nimmt das überschüssige Chlor unter den Bedingungen des Normzustands ein?

Aufbau der Atome und gekürztes Periodensystem

Wir können uns den Atomaufbau stark vereinfacht wie ein Satellitenmodell vorstellen.

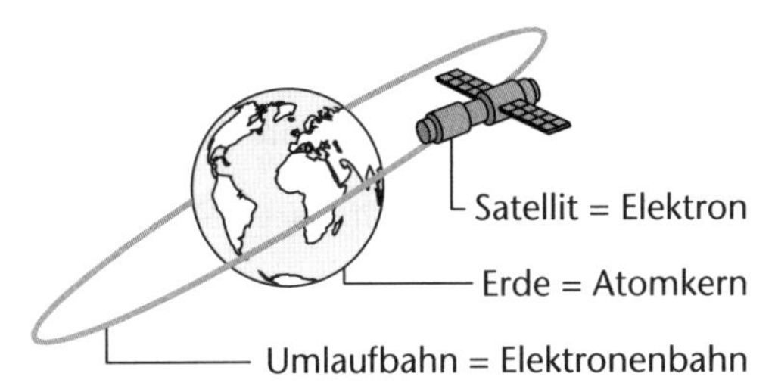

Abb. 7
Modellvorstellung vom Bau eines Atoms (hier: Wasserstoffatom)

Der Satellit umkreist die Erde mit einer bestimmten Geschwindigkeit. Diese muss umso höher sein, je näher der Satellit der Erde kommt, da er sonst wegen der **Erdanziehungskraft** auf die Erde prallen würde. Bei hoher Geschwindigkeit herrscht eine hohe **Fliehkraft**. Kreist der Satellit in großer Entfernung um die Erde, so wirkt die Erdanziehungskraft nicht mehr so stark auf ihn ein. Es reichen dann eine niedrigere Geschwindigkeit und eine kleinere Fliehkraft aus, um den Abstand zur Erde einhalten zu können.

Protonen
Neutronen
Elektronen

Im Atom herrschen ähnliche Verhältnisse. Im **Atomkern** (entspricht im Satellitenmodell der Erde) befinden sich die positiv geladenen **Protonen** und die nicht geladenen **Neutronen**. Die **Atomhülle** (entspricht im Modell dem Bereich, in dem sich der Satellit bewegt) wird von den negativ geladenen **Elektronen** (entspricht den Satelliten) gebildet. Da Protonen und Elektronen gegensätzlich geladen sind, ziehen sie sich an, und die Elektronen müssten eigentlich in den Kern fallen. Dies passiert aber nicht, da sich die Elektronen mit enorm hoher Geschwindigkeit bewegen, sodass sie auf ihrer Bahn bleiben. Die Anziehungskraft durch den positiv geladenen Atomkern wird also durch eine entsprechende Fliehkraft bei den negativ geladenen Elektronen ausgeglichen.

RUTHERFORD (1871–1937), englischer Physiker
BOHR (1885–1962), dänischer Physiker

ERNEST RUTHERFORD veröffentlichte 1911 seine Modellvorstellungen vom Aufbau der Atome, die 1913 von seinem Schüler NIELS BOHR noch weiter ausgebaut wurden:

Jedes Atom ist aus einem positiv geladenen Atomkern und aus einer negativ geladenen Elektronenhülle aufgebaut.

Wie du am „Satellitenmodell" eines Atoms bereits gesehen hast, bestehen alle Atomkerne aus positiv geladenen Protonen und ungeladenen Neutronen (Ausnahme Wasserstoff; sein Kern besteht nur aus einem Proton). Die Elektronenhülle besteht aus negativ geladenen Elektronen, die sich in verhältnismäßig großen Abständen mit sehr hoher Geschwindigkeit um den Kern bewegen. Die Anzahl der positiv geladenen Protonen im Kern ist gleich der Anzahl der negativ geladenen Elektronen in der Hülle. Dadurch erscheinen die Atome nach außen hin neutral. Der Durchmesser eines Atomkerns beträgt nur etwa $\frac{1}{10\,000}$ des Atomdurchmessers. Daraus errechnet sich, dass das Volumen eines Atomkerns nur etwa ein Billionstel $\left(\frac{1}{10^{12}}\right)$ des gesamten Atomvolumens sein kann.

1. Bau des Atomkerns

Der Atomkern (Nukleus) eines jeden Elements ist aus den gleichen Kernbausteinen, auch **Nukleonen** („Kernteilchen") genannt, aufgebaut. Es gibt zwei Arten von Nukleonen, nämlich **Protonen** und **Neutronen**. Die Protonen sind positiv elektrisch geladen. Jedes Proton hat eine positive Ladung. Man bezeichnet sie als Elementarladung +1. Die Anzahl der Protonen im Kern eines Elements ergibt die **Kernladungszahl**. Die Kernladungszahl gibt zugleich auch die Anzahl der Elektronen in der Atomhülle an. Die Atome eines bestimmten Elements haben immer die gleiche Kernladungszahl. Unterschiedliche Elemente haben deshalb auch immer unterschiedliche Kernladungszahlen. Die Kernladungszahlen werden auch **Ordnungszahlen** genannt, weil man die Elemente nach steigender Kernladungszahl in einer Reihe anordnen kann.

Kernladungszahl

Ordnungszahl

Anzahl der Protonen = Kernladungszahl = Anzahl der Elektronen = Ordnungszahl

Massenzahl

Die Masse eines Neutrons entspricht ziemlich genau der Masse eines Protons. Das Elektron hat nur $\frac{1}{1837}$ der Masse eines Protons oder Neutrons. Die Elektronen tragen also kaum zur Gesamtmasse eines Atoms bei. Man kann sagen, dass die Masse eines Atoms fast vollständig mit der Masse des Atomkerns übereinstimmt. Die Gesamtzahl der Kernbausteine (Summe aus Protonen und Neutronen) wird deshalb auch **Massenzahl** genannt.

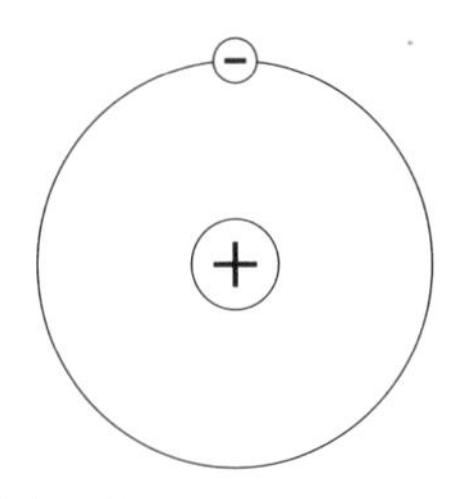

Abb. 8
Modell des Wasserstoffatoms

*Der Kern des Wasserstoffatoms besteht aus einem Proton. Diese einfach positive Ladung des Atomkerns wird durch ein Elektron ausgeglichen. Wasserstoff hat die Ordnungszahl 1 (entsprechend **einem** Proton). Das heißt, in der Reihe der Elemente, die nach steigender Kernladungszahl geordnet sind, steht er an 1. Stelle.*

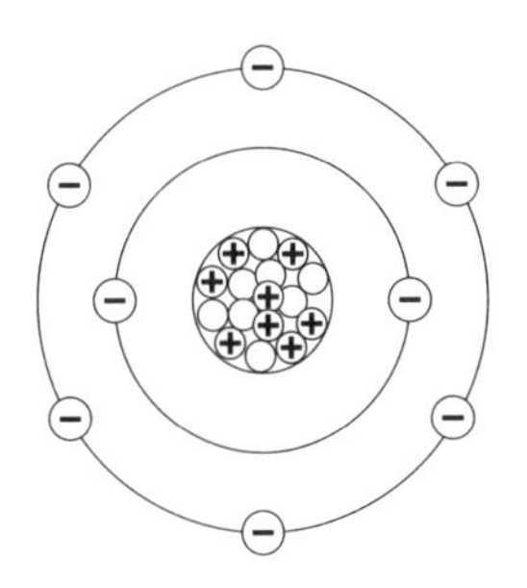

Abb. 9
Modell des Sauerstoffatoms

*Der Kern des Sauerstoffatoms setzt sich aus 8 positiv geladenen Protonen und 8 ungeladenen Neutronen zusammen. Die positiven Ladungen werden durch 8 negativ geladene Elektronen ausgeglichen. Sauerstoff hat die Ordnungszahl 8 (entsprechend **acht** Protonen). Das heißt, in der Reihe der Elemente steht er an 8. Stelle.*

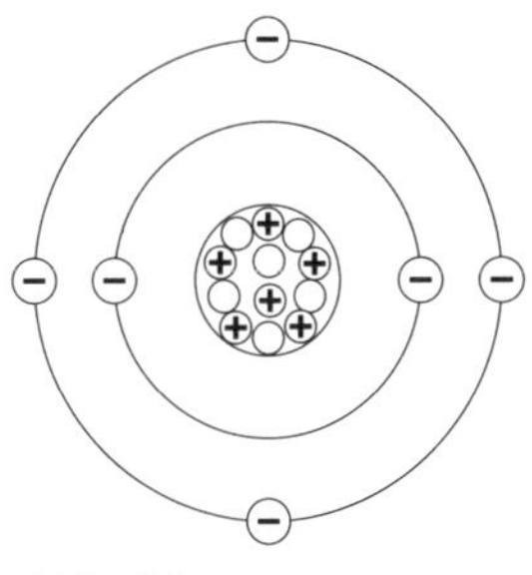

Abb. 10
Modell des Kohlenstoffatoms

*Der Kern des Kohlenstoffatoms besteht aus 6 Protonen und 6 Neutronen. In der Atomhülle müssen sich deshalb auch 6 Elektronen befinden. Kohlenstoff hat die Ordnungszahl 6 (entsprechend **sechs** Protonen). Das heißt, in der Reihe der Elemente steht er an 6. Stelle.*

Die Reihe der Elemente mit jeweils um 1 steigender Kernladungszahl beginnt mit 1. Wasserstoff (H), dann folgen 2. Helium (He), 3. Lithium (Li), 4. Beryllium (Be), 5. Bor (B), 6. Kohlenstoff (C), 7. Stickstoff (N), 8. Sauerstoff (O), 9. Fluor (F), 10. Neon (Ne), 11. Natrium (Na), 12. Magnesium (Mg), 13. Aluminium (Al) … 88. Radium (Ra), 89. Actinium (Ac), 90. Thorium (Th), 91. Protactinium (Pa) und schließlich 92. Uran (U) mit der höchsten Kernladungszahl aller natürlich vorkommenden Elemente. Es gibt weitere Elemente mit noch höheren Kernladungszahlen, die aber nicht natürlich vorkommen, sondern durch Kernumwandlung künstlich erzeugt werden.

In der Symbolschreibweise wird die Ordnungzahl (= Kernladungszahl) unten links neben das Element und die Massenzahl (Summe aus Protonen und Neutronen) oben links neben das Element geschrieben.

Massenzahl (4)

Elementsymbol (He) → $^{4}_{2}\mathrm{He}$

Ordnungszahl (2)

In der folgenden Tabelle kannst du an ein paar Beispielen sehen, wie sich aus der Symbolschreibweise Atommasse und Anzahl der Neutronen ergeben. Bei den letzten vier Elementen kannst du die fehlenden Angaben bestimmt selbst ergänzen.

Element	Symbol	Massenzahl	Anzahl der Neutronen
Wasserstoff	$^{1}_{1}\mathrm{H}$	1	0
Helium	$^{4}_{2}\mathrm{He}$	4	2
Lithium	$^{7}_{3}\mathrm{Li}$	7	4
Kohlenstoff	$^{12}_{6}\mathrm{C}$	12	6
Stickstoff	$^{14}_{7}\mathrm{N}$	14	7
Sauerstoff	$^{16}_{8}\mathrm{O}$	16	8
Natrium	$^{23}_{11}\mathrm{Na}$	23	12
Aluminium	$^{27}_{13}\mathrm{Al}$	27	14
Schwefel	$^{32}_{16}\mathrm{S}$	?	?
Chlor	$^{?}_{17}\mathrm{Cl}$	35	?
Platin	$^{?}_{?}\mathrm{Pt}$	195	117
Uran	$^{238}_{?}\mathrm{U}$	?	146

In der Tabelle unterscheiden sich die Massenzahlen immer durch ganze Zahlen (zum Beispiel Wasserstoff = 1, Helium = 4). Die Atommassen *aller* Elemente müssten eigentlich ganzzahlige Vielfache der Massenzahlen sein, denn die Atomkerne, in denen sich fast die Gesamtmasse eines Atoms konzentriert, sind nur aus Protonen und Neutronen aufgebaut. Da beide jeweils ziemlich genau die Massenzahl 1 besitzen, sollten die Atommassen der einzelnen Elemente kaum von ganzen Zahlen abweichen. Wie du aber aus Atommassentabellen (*siehe auch Kapitel D 3*) entnehmen kannst, trifft dies in vielen Fällen nicht zu.

Untersuchungen haben ergeben, dass die meisten Elemente in der Natur in mehreren Atomarten auftreten. Sie besitzen zwar die gleiche Anzahl von Protonen, unterscheiden sich aber in der Anzahl der Neutronen und damit auch in der Atommasse. Elemente mit gleicher Kernladungszahl, aber mit verschiedener Neutronenzahl nennt man **Isotope**. Eine Atomart mit bestimmter Protonenzahl und bestimmter Neutronenzahl bezeichnet man als ein **Nuklid**. Die in der Natur vorkommenden Elemente sind ein Gemisch aus Nukliden, wobei der Prozentanteil der einzelnen Nuklide immer gleich ist.

Isotop

Nuklid

Das in vielen Verbindungen in der Natur vorkommende Element Chlor hat zum Beispiel die Atommasse 35,453. Es kommt in zwei Isotopen vor, nämlich als Nuklid $^{35}_{17}Cl$ und als Nuklid $^{37}_{17}Cl$. Chlor in natürlich vorkommenden Chlorverbindungen setzt sich immer zu 75,8 % aus Chloratomen $^{35}_{17}Cl$ (18 Neutronen) und zu 24,2 % aus Chloratomen $^{37}_{17}Cl$ (20 Neutronen) zusammen. Daraus ergibt sich die durchschnittliche Atommasse 35,453 u.

Kohlenstoff setzt sich aus rund 98,9 % $^{12}_{6}C$ und 1,1 % $^{13}_{6}C$ zusammen, außerdem kommt noch in Spuren das Nuklid $^{14}_{6}C$ vor.

Die Atommasseneinheit u bezieht sich auf $\frac{1}{12}$ der Masse des Nuklids $^{12}_{6}C$.

Wasserstoff kommt in drei Isotopen vor. Er setzt sich aus den Nukliden $^{1}_{1}H$, $^{2}_{1}H$ und $^{3}_{1}H$ zusammen, wobei allerdings das Nuklid $^{1}_{1}H$ mit 99,985 % dominierend ist.
Für die Isotope des Wasserstoffs werden häufig besondere Namen und Symbole verwendet. Das Nuklid $^{2}_{1}H$ wird auch $^{2}_{1}D$ (*Deuterium*, schwerer Wasserstoff) genannt, und das Nuklid $^{3}_{1}H$ bezeichnet man meistens als $^{3}_{1}T$ (*Tritium*, überschwerer Wasserstoff).

2. Bau der Atomhülle

Die Atomhülle wird von den Elektronen gebildet, die sich um den Atomkern bewegen. Die Elektronen „umkreisen" den Atomkern jedoch nicht in beliebigen Abständen, sondern sie ordnen sich in Gruppen in annähernd gleichen Abständen um den Kern an. Sie bewegen sich auf so genannten „Elektronenschalen". Jede dieser „Schalen" entspricht einer bestimmten Energiestufe. In eine Energiestufe kann nur eine bestimmte Anzahl von Elektronen aufgenommen werden. Die maximale Besetzung pro Energiestufe mit Elektronen beträgt $2\,n^2$. Dabei steht n für die Nummer der von innen nach außen gezählten Elektronenschalen. Die Schalen werden von innen nach außen auch als K, L, M, N, O usw. -Schale bezeichnet.

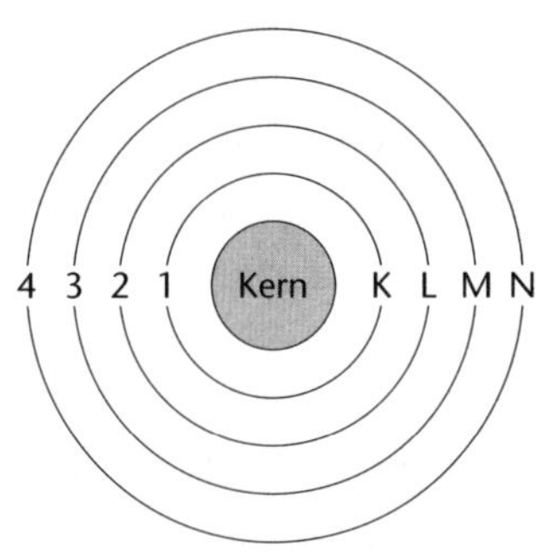

Dieses sehr stark vereinfachte Schalen-Modell eines Atoms musst du dir räumlich als Kugel vorstellen. Dabei sind die Radien der Elektronenschalen im Verhältnis zum Atomkern nicht maßstabsgerecht dargestellt. Bei einem Kerndurchmesser von etwa 1 cm müssten die Radien der äußeren Schalen etwa 50 m betragen.

Abb. 11
Schalen-Modell eines Atoms

Außenelektronen

An chemischen Reaktionen nehmen im Allgemeinen nur die **Außenelektronen** (die Elektronen auf der äußeren Schale) teil. Durch eine einfache Schreibweise, bei der man um das Elementsymbol Punkte anordnet, wird die Anzahl der Außenelektronen gekennzeichnet. Das Element Brom hat die Ordnungszahl 35. Das heißt, es besitzt in seinem Kern 35 Protonen und damit auch 35 Elektronen in seiner Hülle. Auf der ersten, der K-Schale, haben $2 \cdot 1^2 = 2$ Elektronen Platz. Die L-Schale fasst $2 \cdot 2^2 = 8$ Elektronen, die M-Schale $2 \cdot 3^2 = 18$ Elektronen. Die noch übrig bleibenden 7 Elektronen befinden sich auf der äußersten Schale des Broms, der N-Schale: :Br:

Weitere Beispiele für die Kennzeichnung der Anzahl der Außenelektronen:
Na· ·Mg· ·Al· ·Si· ·P· ·S: :Cl: :Ar:

Woraus besteht der Kern bei Atomen?

Wo befinden sich die Elektronen bei einem Atom?

D03 Wie werden die Elektronenschalen bezeichnet?

D04 Warum erscheinen die Atome nach außen hin elektrisch neutral?

D05 Welchen Anteil haben die Elektronen an der Gesamtmasse eines Atoms?

D06 Was sind Nukleonen?

D07 Was gibt die Kernladungszahl an?

D08 Welches dieser drei „Atommodelle" von Chlor $^{35}_{17}Cl$ zeigt die richtige Elektronenanordnung? Begründe!

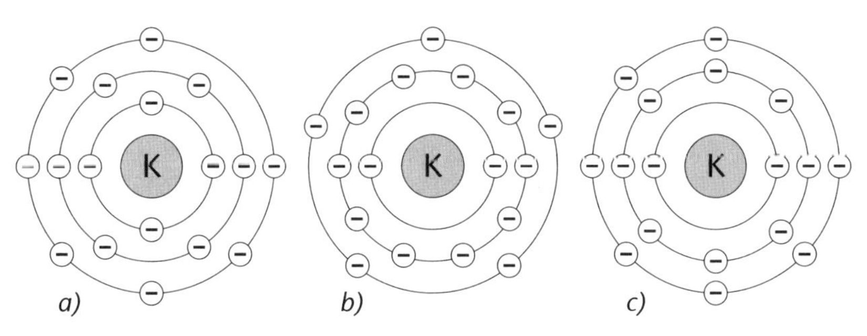

Abb. 12

D09 Ein Atom des Fluors enthält 19 Nukleonen. Seine Kernladungszahl ist 9. Was kann aufgrund dieser Angaben über den Aufbau des Atomkerns und der Elektronenhülle ausgesagt werden?

D10 Was besagen diese Symbole: $^{1}_{1}H$; $^{34}_{16}S$; $^{238}_{92}U$?

D11 Was sind Isotope?

D12 Was ist ein Nuklid?

D13 Gesucht: Aluminiumatom. Welche Merkmale müsstest du in einem „Steckbrief" auflisten (Anzahl der Protonen, Elektronen, Schalen usw.)?

D14 Das Nuklid Krypton hat die Symbolschreibweise $^{84}_{36}Kr$.
a) Aus welchen Nukleonen ist der Atomkern zusammengesetzt? Teile sie in ihre Bestandteile auf.
b) Wie sind die Elektronen in den einzelnen Schalen verteilt? (Diese Aufgabe ist zum Knobeln; du schaffst sie aber sicher auch!)

D15 Die Atommasse von Chlor ist 35,453 u. Wie ist es zu erklären, dass dieser Zahlenwert so erheblich von einer ganzen Zahl abweicht?

D16 Ein Ballon mit 10 l Inhalt ist mit Helium $^{4}_{2}He$ gefüllt. Er hat einen bestimmten Auftrieb in der Luft, weil Helium leichter als Luft ist. Wenn man den gleichen Ballon mit 10 l Deuterium $^{2}_{1}D$ füllen würde, wäre dann der Auftrieb stärker oder schwächer als bei Helium?

3. Periodensystem der Elemente

Schau dich mal in der Natur um! Du begegnest dort Tieren, Pflanzen, Steinen, Wasser, Luft und vielem mehr. Es gibt zig unterschiedliche Stoffe in der Natur. Könntest du alles, was dir vor die Augen kommt, bis in seine kleinsten Teilchen (Atome) durchleuchten, so würdest du 92 verschiedene chemische Elemente erkennen, aus denen die Natur aufgebaut ist.

Aus dem Biologieunterricht weißt du, dass verschiedene Tier- oder Pflanzenarten jeweils in Gruppen zusammengefasst werden. Dackel, Pudel und Bernhardiner zum Beispiel haben zwar jeweils ein unverwechselbares Aussehen, sie gehören aber alle drei zur Gruppe der Hunde. Viele Merkmale haben die drei Hunderassen gemeinsam.

Auch die 92 chemischen Elemente (Grundbausteine) der Natur zeichnen sich durch Gemeinsamkeiten und Unterschiede aus. Deshalb bildet man hier ebenfalls Gruppen – sogenannte **Elementfamilien**, die im **Periodensystem der Elemente (PSE)** angeordnet sind. Die Ordnung erfolgt dabei nach **steigender Kernladungszahl**.

MEYER (1830–1895), deutscher Chemiker
MENDELEJEW (1834–1907), russischer Chemiker

Die Chemiker LOTHAR MEYER und DIMITRIJ MENDELEJEW erkannten 1869 unabhängig voneinander, dass sich die chemischen Eigenschaften von Elementen in periodischen Abständen sehr stark ähneln, wenn man die Elemente nach steigender Masse ordnet. Heute wissen wir, dass diese Ordnung nach steigender Kernladungszahl erfolgen muss, wobei sich aber nur geringfügige Abweichungen gegenüber der Ordnung nach steigender Masse ergeben. Untersucht man die Elemente, deren chemische und oft auch physikalische Eigenschaften weitgehend übereinstimmen (Elementfamilien), so stellt man fest, dass diese Elemente auf ihren äußeren Schalen immer gleich viele Elektronen besitzen. Dabei fällt auf, dass offensichtlich ein sehr stabiler Zustand erreicht ist, wenn sich auf der äußeren besetzten Schale eines Atoms 8 Elektronen befinden.

Es kann allgemein gesagt werden, dass die Anzahl der Elektronen in einer maximal besetzten Schale (nach der Formel $2n^2$) bei allen folgenden Elektronenschalen einen stabilen Zwischenzustand bilden (3. Schale 2 und 8; 4. Schale 2, 8, 18; 5. Schale 2, 8, 18, 32). Die äußerste Schale nimmt nie mehr als 8 Elektronen auf. Eine Schale kann erst dann mit mehr als 8 Elektronen belegt werden, wenn die nächstäußere Schale mit mindestens 2 Elektronen besetzt ist.

Um die Elemente sinnvoll zu ordnen, reiht man sie beginnend mit Nr. 3, Lithium, nach steigender Kernladungszahl von links nach rechts auf. Jedes Element hat also ein Elektron mehr auf seiner Außenschale als sein linker Nachbar. Sobald ein Edelgas erreicht ist, wird die Reihe (= **Periode**) beendet. Mit dem nächsten Atom (es hat jeweils ein Elektron auf der äußersten Schale) beginnt man eine neue Reihe, die genau unter die vorhergehende Reihe geschrieben wird. Nach dem Element Nr. 20, Calcium (es hat 2 Elektronen auf der Außenschale), fährt man in der Reihe mit dem Element Nr. 31 fort (Gallium, 3 Elektronen auf der Außenschale). Die dazwischenliegenden Elemente Nr. 21 bis Nr. 30 werden zunächst weggelassen. Bei ihnen wird die nächstinnere Schale der Reihe nach von 8 auf 18 Elektronen aufgefüllt. Erst wenn die Zahl 18 erreicht ist, wird der Ausbau der äußeren Schale fortgesetzt, das ist beim Element Nr. 31, Gallium, der Fall. Ähnlich liegen die Verhältnisse bei den Elementen Nr. 39 bis Nr. 48, Nr. 57 bis Nr. 80 und bei den Elementen ab der Ordnungszahl 89. Auch bei ihnen werden zunächst nicht voll besetzte innere Elektronenschalen „aufgefüllt".

Periode

Alle diese Elemente sind Metalle (**Übergangsmetalle**). Ordnet man also die Elemente nach dem vorgenannten Schema unter Weglassen der **Übergangselemente** (das sind die Elemente, bei denen innere Schalen aufgefüllt werden), so erhält man das sogenannte **gekürzte Periodensystem der Elemente**. Es umfasst nur die **Hauptgruppenelemente**.

Übergangsmetalle

Wie du bereits erfahren hast, bilden im gekürzten PSE die untereinanderstehenden Elemente eine **Gruppe**. Sie stimmen in der Zahl der Außenelektronen und damit in vielen Eigenschaften überein (sie bilden eine **Elementfamilie**). Eine vollständige Übereinstimmung ist nicht möglich, weil die Außenelektronen der Elemente einer Gruppe unterschiedliche Abstände vom Atomkern und damit auch unterschiedliche Energieinhalte haben.

Alkalimetalle

Lithium (Li), Natrium (Na), Kalium (K), Rubidium (Rb) und Caesium (Cs) zum Beispiel bilden die Elementfamilie der Alkalimetalle. Ihre große chemische Verwandtschaft ist vor allem damit zu erklären, dass sie auf ihren äußeren Schalen jeweils nur ein Elektron besitzen. Die Alkalimetalle haben zum Beispiel folgende Familienähnlichkeiten: Sie sind weiche, mit einem Messer schneidbare, sehr unedle Metalle; sie zeigen eine typische Flammenfärbung; sie reagieren heftig mit Wasser.

Halogene

Ein anderes Beispiel für eine Elementfamilie sind die Halogene (F, Cl, Br, I, At). Ihre Eigenschaften resultieren vor allem aus der Tatsache, dass jedes Halogen auf der äußeren Schale 7 Elektronen aufweist.

Edelgase

Die Elementfamilie der Edelgase (He, Ne, Ar, Kr, Xe, Rn) zeigt äußerst reaktionsträges Verhalten. Während alle anderen gasförmigen Elemente als Moleküle auftreten (H_2, N_2, O_2, Cl_2 usw.), bestehen Edelgase aus einzelnen, nicht miteinander verbundenen Atomen. Alle Edelgase (Ausnahme Helium mit 2 Elektronen auf der damit voll gefüllten 1. Schale) haben auf ihrer äußeren Schale 8 Elektronen. Diese stabile **„Achterschale"** ist die Ursache für die außerordentliche Reaktionsträgheit der Edelgase.

Die Edelgase stehen in der VIII. Hauptgruppe (8 Außenelektronen). Ihre gemeinsamen Eigenschaften sind u. a.: Sie sind atomare Gase; sie sind chemisch äußerst reaktionsträge; es gibt kaum chemische Verbindungen der Edelgase.

Das Periodensystem der Elemente ist folgendermaßen aufgebaut (hier jedoch nur mit ein paar Beispielen aufgefüllt):

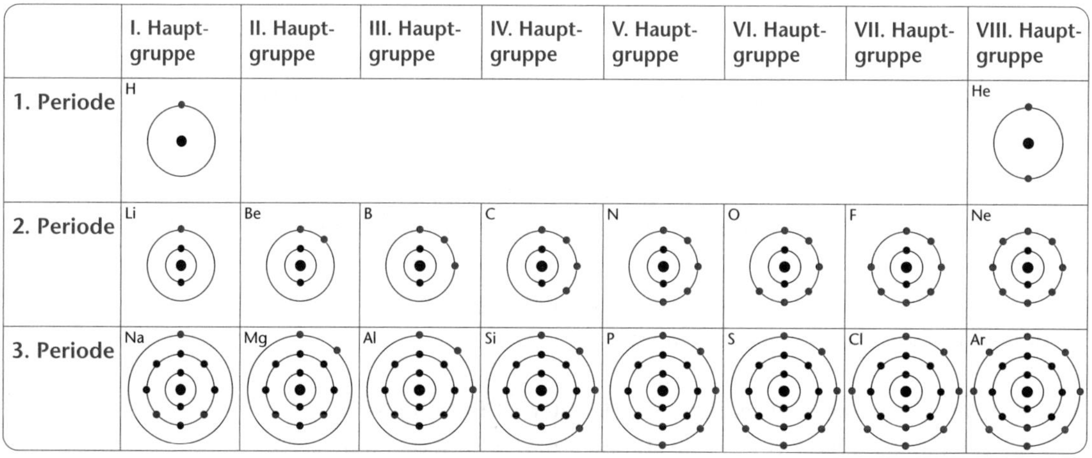

	I. Hauptgruppe	II. Hauptgruppe	III. Hauptgruppe	IV. Hauptgruppe	V. Hauptgruppe	VI. Hauptgruppe	VII. Hauptgruppe	VIII. Hauptgruppe
1. Periode	H							He
2. Periode	Li	Be	B	C	N	O	F	Ne
3. Periode	Na	Mg	Al	Si	P	S	Cl	Ar

4. Periode
5. Periode
6. Periode
7. Periode

Du erkennst: Die Anzahl der Elektronenschalen nimmt von oben nach unten zu. In den Perioden des PSE stehen die Elemente mit der gleichen Anzahl an Elektronenschalen. In der *ersten* Periode stehen die Elemente, deren Atome nur *eine* Elektronenschale haben, in der *zweiten* die mit zwei Elektronenschalen, in der *dritten* die mit *drei* Elektronenschalen usw. Die Nummer der Periode im PSE entspricht immer der Zahl der Elektronenschalen.

Im unten dargestellten Periodensystem haben die Bezeichnungen in den einzelnen Kästchen folgende Bedeutung:

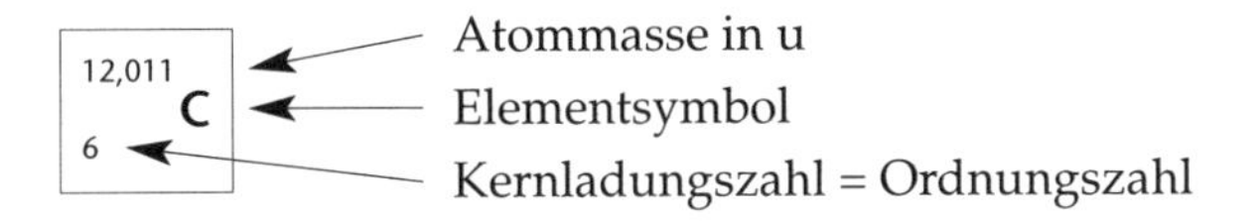

Gekürztes Periodensystem der Elemente (Hauptgruppen)

	Gruppen							
Perioden	I	II	III	IV	V	VI	VII	VIII
1	1,00794 H 1							4,0026 He 2
2	6,941 Li 3	9,0122 Be 4	10,811 B 5	12,011 C 6	14,0067 N 7	15,9994 O 8	18,9984 F 9	20,1797 Ne 10
3	22,9898 Na 11	24,305 Mg 12	26,9815 Al 13	28,086 Si 14	30,9738 P 15	32,066 S 16	35,453 Cl 17	39,948 Ar 18
4	39,098 K 19	40,078 Ca 20	69,72 Ga 31	72,61 Ge 32	74,922 As 33	78,96 Se 34	79,904 Br 35	83,80 Kr 36
5	85,47 Rb 37	87,62 Sr 38	114,82 In 49	118,71 Sn 50	121,76 Sb 51	127,60 Te 52	126,9045 I 53	131,29 Xe 54
6	132,905 Cs 55	137,33 Ba 56	204,38 Tl 81	207,2 Pb 82	208,980 Bi 83	209 Po 84	210 At 85	222 Rn 86
7	223 Fr 87	226 Ra 88						

4. Aussagen des gekürzten Periodensystems

Aus dem gekürzten Periodensystem der Elemente können verschiedene für den Chemiker wichtige Aussagen entnommen werden:

1. Es können Rückschlüsse auf die Wertigkeit gegenüber Sauerstoff und Wasserstoff gezogen werden.

Gruppennummer	I	II	III	IV	V	VI	VII	VIII
maximale Wertigkeit gegenüber Sauerstoff	1 z. B. Li_2O	2 z. B. MgO	3 z. B. Al_2O_3	4 z. B. CO_2	5 z. B. N_2O_5	6 z. B. SO_3	7 z. B. Cl_2O_7	0
maximale Wertigkeit gegenüber Wasserstoff	1 z. B. LiH	2 z. B. CaH_2	3 z. B. AlH_3	4 z. B. CH_4	3 z. B. NH_3	2 z. B. H_2S	1 z. B. HCl	0

2. Im gekürzten PSE links stehende Elemente (außer Wasserstoff) sind Metalle, rechts stehende Elemente sind Nichtmetalle.
3. Der Metallcharakter der Elemente nimmt in einer Periode von links nach rechts ab.
4. Innerhalb einer Gruppe nimmt der Metallcharakter von oben nach unten zu.
5. Zieht man bei den Elementen Be, Al, Ge, Sb, Po eine Diagonale durch das PSE, so befinden sich links dieser Diagonale die metallischen Elemente, während rechts davon die Nichtmetalle gruppiert sind.

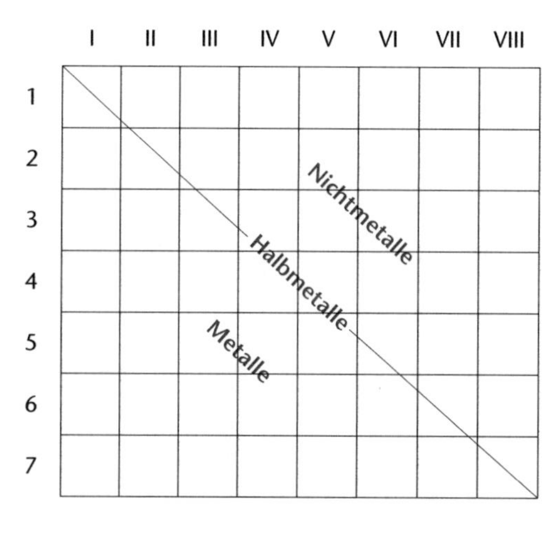

Abb. 13
Die Nummern der Perioden (arabische Ziffern) stimmen mit der Anzahl der besetzten Elektronenschalen überein.
Die Nummern der Gruppen (römische Ziffern) stimmen mit der Anzahl der Außenelektronen überein.

6. Auf und in der Nähe der Diagonale befinden sich die Elemente, die sowohl manche Eigenschaften der Metalle als auch der Nichtmetalle zeigen. Man spricht deshalb bei diesen Elementen auch von Halbmetallen.
7. Die I. Hauptgruppe steht ganz links im PSE. Alle Elemente dieser Gruppe sind typische Metalle (Alkalimetalle).
8. Die VIII. Hauptgruppe steht ganz rechts im PSE. Alle Elemente dieser Gruppe sind typische Nichtmetalle (Edelgase).

Aufgaben

D17 Was versteht man unter Elementfamilie? Schreibe zwei typische Beispiele auf.

D18 Warum sind die Elemente Magnesium und Calcium miteinander verwandt? Welche Elemente gehören noch zur gleichen Familie?

D19 Wie ist die maximale Wertigkeit der Elemente Magnesium, Kohlenstoff und Schwefel gegenüber Sauerstoff? Wie lauten die Formeln der entsprechenden Oxide?

D20 Wie ist die Wertigkeit von Lithium, Kohlenstoff, Stickstoff und Schwefel gegenüber Wasserstoff? Wie lauten die Formeln der entsprechenden Verbindungen?

D21 Ordne die folgenden Elemente mithilfe des gekürzten PSE in Metalle und Nichtmetalle: N; Ba; Cs; Br; S; Ga; C; F; Li; Ti.

D22 Ist es möglich, dass neben den 8 bekannten Hauptgruppen noch eine oder mehrere weitere Gruppen entdeckt werden? Begründe deine Aussage!

D23 MENDELEJEW sagte 1871 viele Eigenschaften eines noch nicht entdeckten Elements (er nannte es Eka-Silicium) voraus. Als das Element 1886 von CLEMENS WINKLER entdeckt wurde (er nannte es Germanium Ge), wurden die Voraussagen MENDELEJEWS glänzend bestätigt. Worauf stützte Mendelejew seine Voraussagen?
(Diese Aufgabe ist zum Knobeln; du schaffst sie aber sicher auch!)

Chemische Bindungsarten und Oktettregel

Weitaus die meisten Elemente kommen in der Natur nur in chemischen Verbindungen vor. Auch die „elementar" vorkommenden Elemente liegen nicht als Einzelatome vor, sondern bilden chemische Verbindungen mit Atomen der gleichen Art. Die große Ausnahme machen die **Edelgase**, sie kommen nur atomar vor. Von Edelgasen sind in der Natur keinerlei chemische Verbindungen bekannt.

Die Edelgase bilden eine Elementfamilie (VIII. Hauptgruppe des PSE). Sie sind in höchstem Maß reaktionsträge. Der Grund für diese Reaktionsträgheit der Edelgase liegt in der Besetzung ihrer äußersten Schalen mit Elektronen. Alle Edelgase haben auf ihren Außenschalen 8 Elektronen (Ausnahme Helium, dessen äußerste Schale mit 2 Elektronen bereits voll besetzt ist). Dieses **Elektronenoktett** bildet einen energiearmen und damit sehr stabilen Zustand.

Oktettregel
okta (griech.) = acht

Bei allen anderen Elementen weicht die Außenschale mit ihren Elektronen oft erheblich von dieser stabilen „Elektronenkonfiguration" ab. Atome mit einer instabileren Elektronenkonfiguration versuchen, eine stabilere Außenschale zu erreichen.

Ionenbindung

Elektronenpaarbindung

Metallbindung

Häufig gehen Atome chemische Verbindungen ein, weil dadurch auf ihrer Außenschale ein stabiler Zustand (häufig ist es ein Elektronenoktett) gebildet werden kann. Dies kann durch Elektronenübergänge von einem Atom zum Partneratom geschehen (**Ionenbindung**) oder aber durch Bildung gemeinsamer Elektronenpaare durch die an der chemischen Verbindung beteiligten Atome (**Elektronenpaarbindung**). Ein weiterer Bindungstyp liegt in der **Metallbindung** vor. Hier werden Außenelektronen abgegeben, damit eine stabilere Elektronenanordnung erreicht wird.

Elemente wie Sauerstoff, Stickstoff, Schwefel kommen in der Natur zwar elementar (also nicht mit anderen Elementen verbunden) vor, jedoch nur als

Moleküle wie zum Beispiel O_2, N_2, S_8. Auch elementar vorkommende Metalle wie Kupfer, Silber oder Gold bilden Atomverbände, deren Zusammenhalt als eine chemische Bindung bezeichnet werden muss.

Die Edelgase Helium, Neon, Argon, Krypton, Xenon und Radon sind gasförmige Elemente, deren kleinste Teilchen Atome sind. Sie sind so reaktionsträge, dass nur im Labor unter besonderen Bedingungen einige wenige Edelgasverbindungen hergestellt werden können. Erst ab 1962 gelang es, Edelgasverbindungen wie $XePtF_6$, XeF_2, XeO_3 oder KrF_2 im Labor darzustellen.

Außenelektronen bei den Edelgasen:

·He· :N̈e̤: :Ä̤r: :K̈r̤: :Ẍe̤: :R̈n̤:

Bei allen Elementen ergibt sich die Anzahl der Elektronen (Konfiguration) auf der Außenschale aus ihrer Stellung im PSE. Beispiele:

Na	I. Hauptgruppe	1 Elektron
Ca	II. Hauptgruppe	2 Elektronen
Al	III. Hauptgruppe	3 Elektronen
C	IV. Hauptgruppe	4 Elektronen
N	V. Haupgruppe	5 Elektronen
O	VI. Hauptgruppe	6 Elektronen
Cl	VII. Hauptgruppe	7 Elektronen
Ne	VIII. Hauptgruppe	8 Elektronen

1. Ionenbindung

Elemente mit wenig Elektronen auf der Außenschale können durch Abgabe dieser Elektronen erreichen, dass die nächstinnere Schale zur Außenschale wird. Diese Schale hat meistens eine stabile Konfiguration. Häufig ist es eine Achterschale (Edelgasschale).

positive Ionen

Atome, die Elektronen abgeben, werden dadurch zu positiv geladenen Ionen, weil jetzt die Kernladung nicht mehr ausgeglichen wird. Eine Abgabe von Elektronen ist aber nur möglich, wenn ein oder mehrere Partner diese Elektronen aufnehmen können. Elemente, denen nur noch wenige Elektronen zu einer stabilen Außenschale fehlen, sind als solche Partner gut geeignet. Durch die Aufnahme von Elektronen werden Atome zu negativ geladenen Ionen, denn nun sind mehr Elektronen in der Atomhülle als zum Ausgleich der Kernladung notwendig sind. Positive Ionen haben einen geringeren Durchmesser als das neutrale Atom, denn die Kernladung kann die noch verbliebenen Elektronen stärker anziehen. Der Durchmesser von negativen Ionen ist größer als von neutralen Atomen, weil die Anziehungskraft der Kernladung sich nun auf mehr Elektronen verteilt.

negative Ionen

Elemente wie Natrium und Calcium, die im PSE auf der linken Seite stehen, können ohne großen Energieaufwand Elektronen abgeben, die von Elementen auf der rechten Seite des PSE, zum Beispiel Chlor oder Sauerstoff, aufgenommen werden können. Zur Abspaltung eines Elektrons von einem Atom ist ein bestimmter Energieaufwand nötig. Man bezeichnet diese Energie als **Ionisierungsenergie**.

Ionisierungsenergie

Bei der Aufnahme eines Elektrons durch ein Atom zur Bildung einer Edelgasschale wird Energie frei. Wenn zum Erreichen einer Achterschale mehrere Elektronen aufgenommen werden müssen, dann wird Energie verbraucht, denn die Aufnahme des zweiten und jedes weiteren Elektrons wird wegen der Abstoßung durch die bereits vorhandene negative Ladung behindert. Den Energiebetrag, der bei der Aufnahme von Elektronen frei oder verbraucht wird, verwendet man als Maßzahl für die **Elektronenaffinität**.

Elektronenaffinität

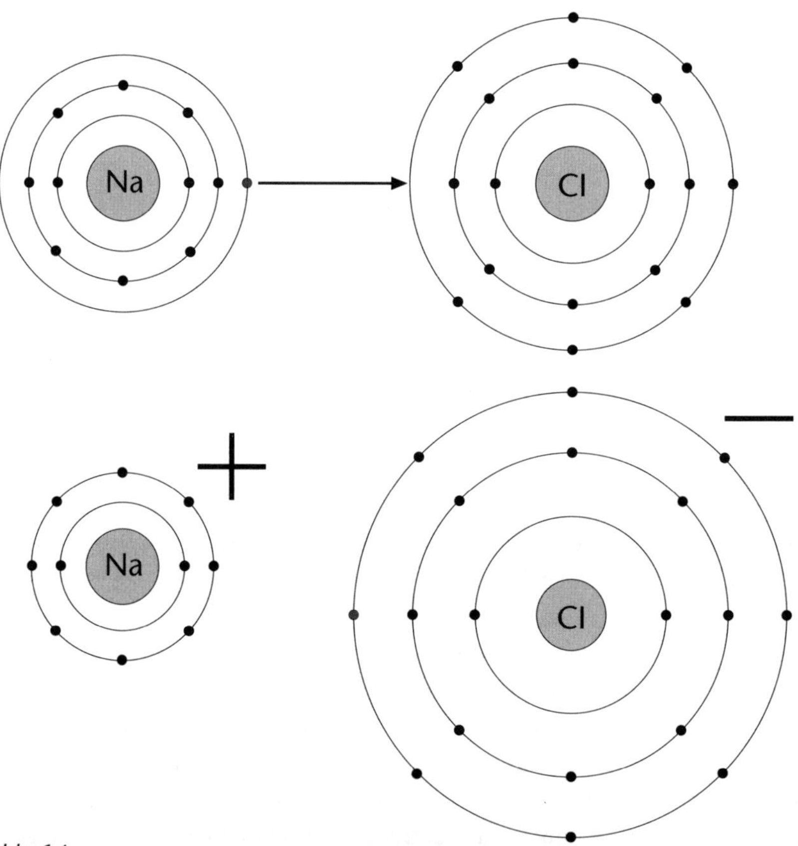

Abb. 14
Natrium gibt sein Außenelektron an Chlor ab. Das so entstandene positive Natriumion hat jetzt die Elektronenkonfiguration von Neon (also nur noch 2 besetzte Elektronenschalen, wobei die äußere mit 8 Elektronen aufgefüllt ist). Chlor hat von Natrium das Elektron übernommen. Es wird dadurch zum negativen Chlorion (Chloridion). Das Chloridion hat die Elektronenkonfiguration von Argon. Die äußere besetzte Elektronenschale ist mit 8 Elektronen aufgefüllt.
(Die Darstellung der Atome und Ionen ist nicht maßstabgetreu.)

Positive und negative Ionen ziehen sich wegen der entgegengesetzten elektrischen Ladung an. Diese Anziehungskräfte wirken nach allen Richtungen des Raumes gleichmäßig, sodass sich um ein positiv geladenes Ion so viele negative Ionen lagern, wie Platz vorhanden ist. Diese negativen Ionen ziehen nun wieder positive Ionen an und so weiter. Es entsteht ein regelmäßiges Gebilde, das aus abwechselnd positiv und negativ geladenen Ionen aufgebaut ist. Man nennt dies ein **Ionengitter**. Bei der Bildung eines Ionengitters aus zunächst einzelnen Ionen wird immer Energie freigesetzt. Zur Zerstörung eines Ionengitters muss die gleiche Energie wieder aufgewendet werden. Die freigesetzte **Gitterenergie** lässt deshalb einen direkten Schluss auf die Stabilität eines Ionengitters zu: Ein Ionengitter ist umso stabiler, je höher die bei seiner Bildung freigesetzte Gitterenergie ist.

Ionengitter

Gitterenergie

Die Reaktion von elementarem Natrium mit elementarem Chlor führt unter starker Energieabgabe zu einem Ionengitter aus positiven Natriumionen und negativen Chloridionen. Das Reaktionsprodukt ist kristallines Natriumchlorid (Kochsalz).

Im Kochsalzgitter ist jeweils ein Natriumion von 6 Chloridionen und ein Chloridion von 6 Natriumionen umgeben. Man sagt, sowohl Natriumionen als auch Chloridionen haben im Kochsalzgitter die **Koordinationszahl** 6.

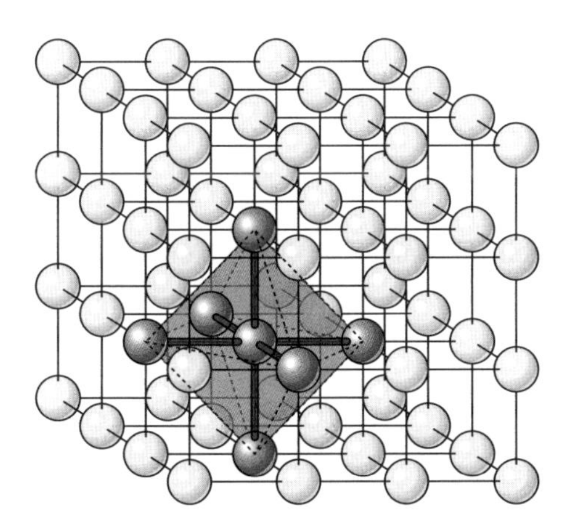

Abb. 15
Ionengitter von Natriumchlorid

Chemische Reaktionen, bei denen das Reaktionsprodukt ein Ionengitter ist, verlaufen immer stark exotherm. Das Reaktionsprodukt hat Eigenschaften, die sich in jeder Beziehung sehr deutlich von den Eigenschaften der Ausgangsstoffe unterscheiden.

Bei Verbindungen mit Ionenbindung kann man nicht von Molekülen sprechen: Man kann zahlenmäßig nicht genau sagen, *wie viele* Ionen sich zu einem Ionenkristall zusammengelagert haben. Exakt kann man nur angeben, *in welchem Zahlenverhältnis* sich die gegensätzlich geladenen Ionen im Ionengitter vereinigen.

Der Bautyp eines Ionenkristalls wird von den Ionenradien der am Gitter beteiligten Ionen bestimmt. Ein Ion kann mehr kleine Ionen mit entgegengesetzter Ladung um sich anlagern als gleich große oder gar größere. Wie viele Ionen der einen Sorte sich in nächster Nachbarschaft zu den Ionen der anderen Sorte befinden, wird durch die Koordinationszahl angegeben.

Natrium, ein weiches Leichtmetall mit niedriger Schmelztemperatur, und Chlor, ein gelbgrünes, stark ätzendes giftiges Gas, vereinigen sich zu einer Ionenverbindung, dem bekannten Kochsalz. Kochsalz weist keine Eigenschaften von Natrium oder Chlor auf.
Die Reaktionsgleichung

$$2\,Na + Cl_2 \rightarrow 2\,NaCl; \qquad -\Delta H$$

ist nicht so zu verstehen, als ob aus 2 Natriumatomen und einem Chlormolekül 2 Kochsalzmoleküle entstanden wären. Kochsalzmoleküle gibt es nicht. Diese Reaktionsgleichung sagt vielmehr aus, dass sich 2 mol Natriumatome und 1 mol Chlormoleküle zu einem Ionengitter vereinigen, in dem Natriumionen und Chloridionen im Zahlenverhältnis 1 : 1 vorkommen.

Die Reaktionsgleichung sollte also besser lauten:

$$2\,Na + Cl_2 \rightarrow 2\,Na^+ + 2\,Cl^-; \qquad -\Delta H.$$

Als weiteres Beispiel die Bildung von Calciumchlorid aus den Elementen Ca und Cl_2:

$$Ca + Cl_2 \rightarrow CaCl_2; \qquad -\Delta H.$$

Besser würde man schreiben:

$$Ca + Cl_2 \rightarrow Ca^{2+} + 2\,Cl^-; \qquad -\Delta H.$$

Calciumionen und Chloridionen treten im Ionengitter im Zahlenverhältnis 1 : 2 auf.

1.1 Typische Eigenschaften von Salzen (Ionenverbindungen)

Entgegengesetzt geladene Ionen ziehen sich an. Diese Kräfte sind wesentlich stärker als zwischen ungeladenen Molekülen. Ionenverbindungen (Salze) können deshalb erst bei hohen Schmelz- und Siedetemperaturen in ihre Ionenbestandteile zerlegt werden. Geschmolzene Salze bestehen aus frei beweglichen Ionen. Bewegliche Ionen transportieren Ladungen. Salzschmelzen leiten deshalb den elektrischen Strom.

Salze lösen sich häufig in Wasser. Beim Lösevorgang wird das Ionengitter zerstört. In der Lösung sind die Ionen frei beweglich. Auch Salzlösungen leiten deshalb den elektrischen Strom.

Kochsalz (NaCl) hat die hohe Schmelztemperatur von 800 °C. Diese Schmelze beginnt erst bei einer Temperatur von 1465 °C zu sieden.

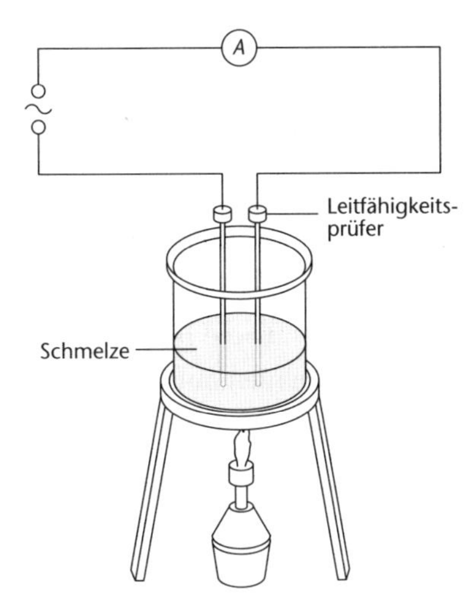

Abb. 16
Die Prüfung der elektrischen Leitfähigkeit einer Salzschmelze fällt positiv aus. Entsprechend wird die Prüfung der elektrischen Leitfähigkeit einer wässerigen Salzlösung durchgeführt. Auch hier fließt ein elektrischer Strom.

Aufgaben

E01 Was versteht man unter dem Begriff „Oktettregel"?

E02 Warum kommen Edelgase in der Natur nur „atomar" vor?

E03 Edelgase bilden keine chemischen Verbindungen. Ist diese Behauptung richtig?

E04 Was sind Ionen?

E05 Wann ist eine Ionenbindung möglich?

E06 Was ist ein Ionengitter? Fertige eine Skizze an.

E07 Was versteht man unter Gitterenergie?

E08 Die Koordinationszahl von Natrium- und Chloridionen im Kochsalz ist 6. Was ist damit gemeint?

E09 Welche Bindung gehen Magnesium und Chlor ein? Gib eine Begründung!

E10 Warum leiten Salzschmelzen und Salzlösungen den elektrischen Strom?

E11 Wie erklären sich die hohen Schmelztemperaturen von Salzen?

E12 Warum ist es falsch, von einem NaCl-Molekül zu sprechen?

2. Elektronenpaarbindung (Atombindung, kovalente Bindung)

gemeinsame Elektronenpaare

Verbinden sich Elemente miteinander, denen für eine stabile Schale nur noch wenige Elektronen fehlen, so kann für alle Bindungspartner nur dann eine stabile Elektronenschale (zum Beispiel ein Oktett) erreicht werden, wenn die Bindungspartner **gemeinsame Elektronenpaare** bilden. Diese Bindung tritt bei allen molekular vorkommenden gasförmigen Elementen auf, ebenso bei Verbindungen von verschiedenen Nichtmetallen.

Man nennt diese Bindung **Elektronenpaarbindung** oder **Atombindung** oder **kovalente Bindung**. Bei diesen Verbindungen wird aus der Elektronenhülle der Einzelatome eine gemeinsame Elektronenhülle („Elektronenwolke") gebildet, die alle Atome des Moleküls gleichzeitig umgibt. Bei der Bildung einer stabilen Elektronenhülle wird meist viel Energie frei. Die entstandene Verbindung ist energieärmer; es wurde ein stabilerer Zustand erreicht.
Beispiele:

:C̤̈l· + ·C̤̈l: → (:C̤̈l(:)C̤̈l:)

2 Chloratome bilden 1 gemeinsames Elektronenpaar. Im Chlormolekül hat jedes Chloratom eine Oktettschale.

2 Wasserstoffatome erreichen durch 1 gemeinsames Elektronenpaar die Heliumschale:

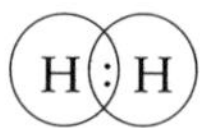

2 Sauerstoffatome bilden 2 gemeinsame (Doppelbindung), 2 Stickstoffatome sogar 3 gemeinsame Elektronenpaare (Dreifachbindung):

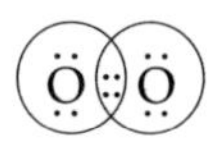

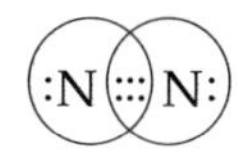

Im Chlorwasserstoffmolekül erreicht Wasserstoff die Heliumschale, Chlor die Argonschale:

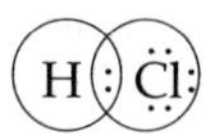

Im Wassermolekül sind 2 Wasserstoffatome an 1 Sauerstoffatom gebunden. Durch gemeinsame Elektronenpaare werden bei allen 3 Atomen Edelgasschalen erreicht.

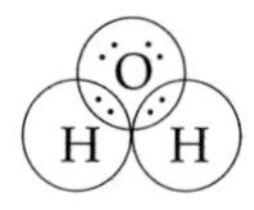

2.1 Polare Elektronenpaarbindung

Elemente haben ein unterschiedlich starkes Bestreben, in chemischen Verbindungen gemeinsame Elektronenpaare an sich zu ziehen. LINUS PAULING prägte dafür den Begriff **Elektronegativität** (EN). Er stellte 1932 eine Skala auf, aus der die unterschiedliche Elektronegativität in Form einfacher Zahlen abzulesen ist. Er gab dem Fluor als dem am stärksten elektronegativen Element willkürlich den Wert 4. Die übrigen Elemente beziehen sich auf diesen Wert, wobei für Cäsium als eines der am schwächsten negativen Elemente der Wert 0,7 ermittelt wurde.

Elektronegativität
PAULING (1901–1994); amerikanischer Chemiker

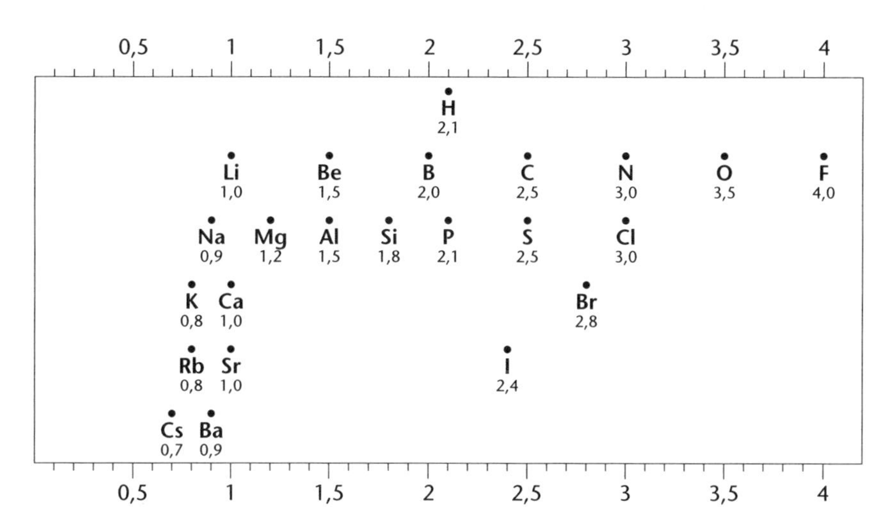

Abb. 17
Elektronegativitätsskala nach PAULING

Verbinden sich zwei Elemente mit unterschiedlicher Elektronegativität durch eine Elektronenpaarbindung, so zieht das elektronegativere Element die gemeinsamen Elektronenpaare stärker an sich. Bei diesem Element herrscht eine etwas stärkere negative Ladung. Man bezeichnet sie mit δ^-. Vom schwächer elektronegativen Bindungspartner wurden die gemeinsamen Elektronenpaare weiter entfernt, deshalb trägt dieses Element eine positive Teilladung (δ^+).

Chlor hat in der EN-Skala den Wert 3,0. Wasserstoff ist nicht so stark elektronegativ, er hat den Wert 2,1. Beide Elemente verbinden sich in einer stark exothermen Reaktion zu Chlorwasserstoff. In dieser Verbindung haben Wasserstoff und Chlor ein gemeinsames Elektronenpaar. Dieses wird stärker vom Chlor angezogen, sodass ein sogenannter **Dipol** mit positiver Teilladung beim Wasserstoff und negativer Teilladung beim Chlor entsteht.

Dipol
Das Zeichen δ steht für den kleinen griechischen Buchstaben delta.

$\delta^+ \ H{:}\ddot{\underset{..}{Cl}}{:}\ \delta^-$

Befinden sich die Elektronen in einem Elektronenoktett, so sind sie paarweise um den Atomkern angeordnet. In einer Modellvorstellung nimmt man an, dass sich die 4 gleich geladenen Elektronenpaare gegenseitig abstoßen und einen Platz um den Atomkern einnehmen, an dem die gegenseitige Abstoßung am geringsten ist. In diesem **Elektronenpaarabstoßungsmodell** halten sich die Elektronenpaare dann bei den Ecken eines Tetraeders auf, wobei der Atomkern sich im Zentrum dieses Tetraeders befindet.

Elektronenpaarabstoßung

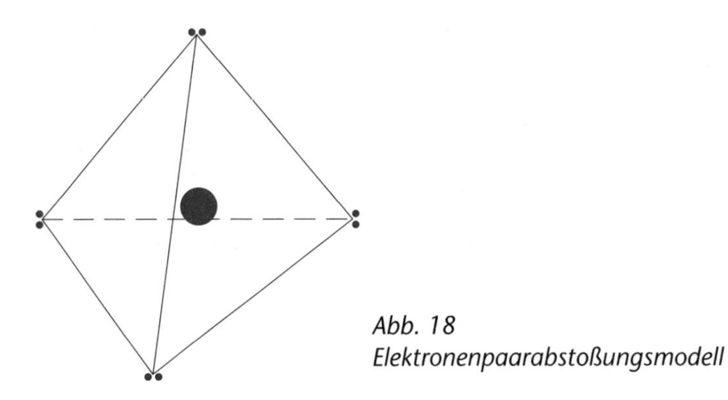

Abb. 18
Elektronenpaarabstoßungsmodell

In dieser Modellvorstellung ist die Wirklichkeit sehr stark vereinfacht dargestellt. Das Modell erlaubt jedoch, Molekülstrukturen verständlich zu machen. Die Elektronenpaare können bindend oder nichtbindend sein, je nachdem, ob sie mit einem weiteren Atom ein gemeinsames Elektronenpaar bilden oder nicht. Das Elektronenpaarabstoßungsmodell ist nicht nur für ein Elektronenoktett, sondern auch für andere Elektronenschalenkonfigurationen anwendbar.

Wasser ist ebenfalls ein Dipol. Das wird aber erst verständlich, wenn man den Molekülbau des Wassers betrachtet. Nach dem Elektronenpaarabstoßungsmodell befinden sich die Elektronenpaare bei den Ecken eines Tetraeders. Mit zwei Elektronenpaaren sind die beiden Wasserstoffatome an den Sauerstoff gebunden. Für das Wasser ist deshalb nur eine gewinkelte Molekülform möglich.

gewinkelte Molekülform von Wasser

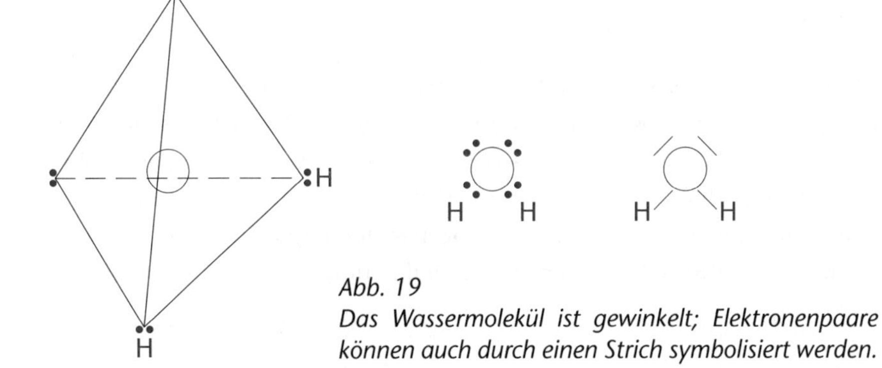

Abb. 19
Das Wassermolekül ist gewinkelt; Elektronenpaare können auch durch einen Strich symbolisiert werden.

Der Winkel (105°), den die beiden Wasserstoffatome mit dem Sauerstoff bilden, ist etwas kleiner als der Tetraederwinkel (109,5°), weil sich die beiden bindenden Elektronenpaare nicht ganz so stark abstoßen wie die freien Elektronenpaare.

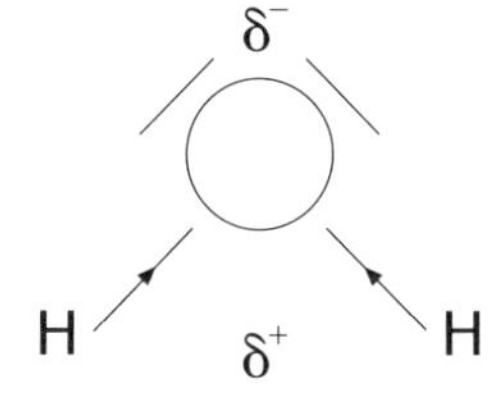

Abb. 20
Sauerstoff ist stärker elektronegativ als der Wasserstoff. Daraus und aus dem gewinkelten Aufbau ergibt sich der Dipolcharakter des Wassers.

Aufgaben

E13 Was versteht man unter einem gemeinsamen Elektronenpaar?

E14 Warum besteht Chlorgas aus Cl_2-Molekülen und nicht aus Cl-Atomen?

E15 Wie sind die Bindungsverhältnisse im elementaren Sauerstoff und im elementaren Stickstoff?

E16 Was versteht man unter einer polaren Bindung?

E17 Fluorwasserstoff ist ein Dipol. Wie verteilt sich die Ladung im Molekül? Begründe deine Antwort.

E18 Wasserstoff, Sauerstoff und Chlorwasserstoff sind Moleküle, die aus 2 Atomen bestehen (binäre Moleküle). Welche dieser Verbindungen sind polar, welche nicht? Begründe deine Aussage in jedem Einzelfall!
(Diese Aufgabe ist zum Knobeln, du schaffst sie aber sicher auch!)

E19 Das Wassermolekül hat ausgeprägten Dipolcharakter. Wie lässt sich diese Eigenschaft des Wassers erklären?

E20 Definiere die Begriffe Ionisierungsenergie, Elektronenaffinität, Elektronegativität.

E21 Die Elemente Wasserstoff und Stickstoff vereinigen sich zu einem Molekül mit der Formel NH_3 (Ammoniak). Welche Elektronenschalen erreichen dabei die einzelnen Atome? Versuche mithilfe des Elektronenpaarabstoßungsmodells den räumlichen Bau des NH_3-Moleküls zu finden.

Wie ist es zu erklären, dass bei der Verbrennung von Magnesium mit Sauerstoff viel Energie frei wird, obwohl Energie für Ionisierung und Elektronenaffinität aufzuwenden ist?

3. Metallbindung

Metalle sind Elemente mit wenig Elektronen auf den Außenschalen. Wie du schon erfahren hast, stehen sie im PSE auf der linken Seite. Bei einer Kombination von 2 Metallatomen kann weder durch die Bildung gemeinsamer Elektronenpaare noch durch den Übergang von Elektronen von einem Atom zum anderen ein Elektronenoktett erreicht werden. Eine stabile Außenschale wird nur erreicht, wenn die Metallatome ihre Außenelektronen ganz abgeben. Die entstandenen positiven Ionen werden in einem Gitterverband durch die freien negativen Elektronen zusammengehalten. Die Anziehung zwischen positiven Metallionen und negativen Elektronen ist nach allen Richtungen des Raumes gleichmäßig gerichtet. Ähnlich wie bei einem „Ionengitter" bildet sich hier ein **Metallgitter** aus positiven Ionen, die durch die in den Zwischenräumen frei verschiebbaren Elektronen zusammengehalten werden. Diese Modellvorstellung von der Metallbindung, bei der sich die Elektronen wie ein Gas zwischen den positiven Metallionen aufhalten, wird allgemein **Elektronengasmodell** genannt.

Elektronengas

Beispiel:
Natriumatome haben ein Elektron auf der Außenschale. Durch Abgabe dieses Elektrons erhält das dabei entstehende einfach positiv geladene Natriumion die stabile Elektronenkonfiguration von Neon. Die Natriumionen lagern sich in einem Gitter zusammen (dichte Kugelpackung). Die abgegebenen Außenelektronen befinden sich in den Gitterzwischenräumen. Sie halten das Gitter zusammen.

Die Vorstellung vom Elektronengasmodell ist stark vereinfacht. Sie erlaubt aber, die typischen Eigenschaften der Metalle zu erklären.

Metalleigenschaften

Typische Metalleigenschaften sind:

- gute elektrische Leitfähigkeit
- gute Wärmeleitfähigkeit
- gute Verformbarkeit
- Undurchsichtigkeit

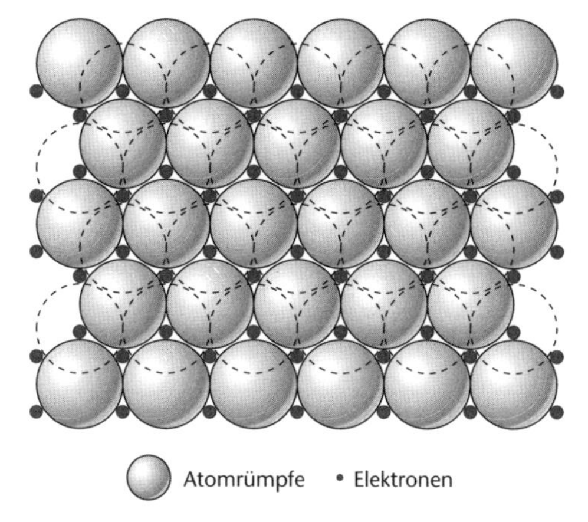

Abb. 21
Das Metallgitter muss man sich räumlich als dichte Kugelpackung vorstellen. In den Zwischenräumen befinden sich die abgegebenen Außenelektronen.

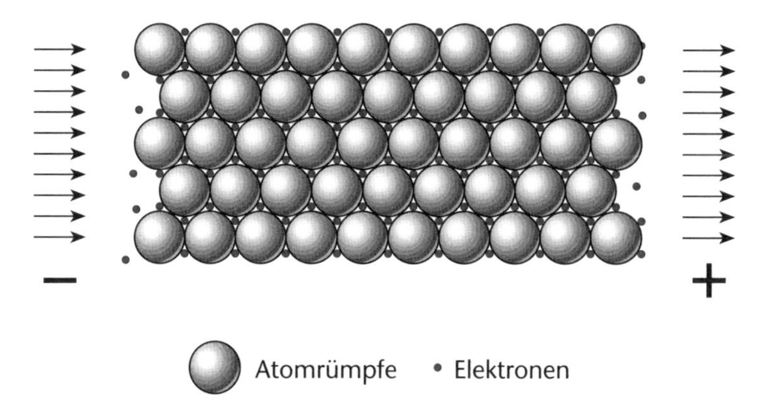

Abb. 22
Elektrische Leitfähigkeit von Metallen: Beim Anlegen einer Spannung wandern die frei verschiebbaren Elektronen zum positiven Pol der Spannungsquelle. Vom negativen Pol der Spannungsquelle werden Elektronen „nachgeliefert". Im Metall fließt ein Elektronenstrom.

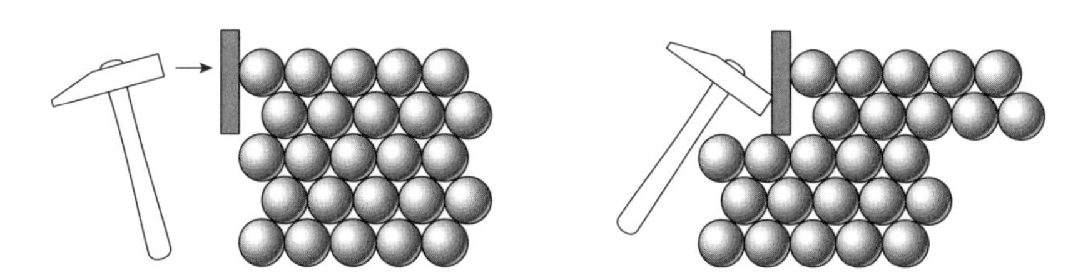

Abb. 23
Verformbarkeit von Metallen: Die Gitterebenen lassen sich leicht verschieben, weil das Metallgitter aus lauter gleichen Bausteinen (positiven Ionen) aufgebaut ist.

 Warum leiten Metalle den elektrischen Strom?

 Warum können Metalle zu Blechen ausgewalzt werden?

 Eisendraht leitet den elektrischen Strom. Erhitzt man den Draht, dann nimmt seine elektrische Leitfähigkeit deutlich ab. Versuche diese Erscheinung mithilfe des „Elektronengasmodells“ zu erklären! (Diese Aufgabe ist zum Knobeln; du schaffst sie aber sicher!)

4. Zwischenmolekulare Bindungskräfte

4.1 Kräfte zwischen Dipolen

Nicht nur Ionenverbindungen bilden Kristalle, sondern auch Stoffe mit Elektronenpaarbindungen. Kristalle aus Stoffen mit kovalenter Bindung (Elektronenpaarbindung) sind an ihren Gitterstellen mit Molekülen besetzt. Moleküle mit Dipolcharakter sind im Gitter ausgerichtet, sodass sich positive und negative Enden gegenseitig anziehen können.

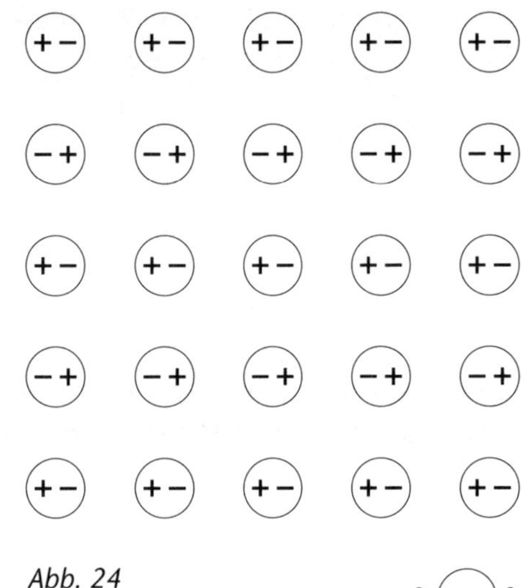

Abb. 24
Gitter aus polaren Molekülen

Die Anziehungskräfte im Gitter aus polaren Molekülen sind jedoch wesentlich schwächer als in Ionengittern. Im Dipol Wasser wirken die Anziehungskräfte zwischen den Wasserstoffatomen (positive Teilladung) und den Sauerstoffatomen (negative Teilladung) anderer Wassermoleküle. Man spricht hier von einer **Wasserstoffbrückenbindung**. Wasserstoffbrücken treten auch bei anderen polaren Bindungen (zum Beispiel im Fluorwasserstoff oder in Alkoholen) auf.

Wasserstoffbrückenbindung

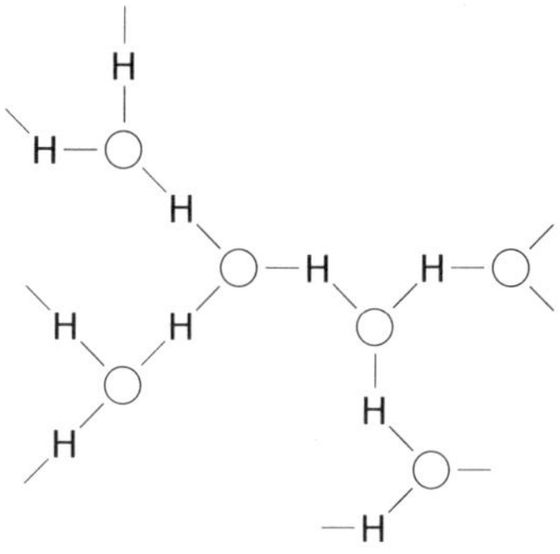

Abb. 25
Wasserstoffbrückenbindungen im Wasser

4.2 VAN-DER-WAALSsche Kräfte

Auch zwischen unpolaren kleinsten Teilchen bestehen Anziehungskräfte. Unpolare Moleküle werden in Kristallgittern nur durch elektrostatische Kräfte zusammengehalten. Diese Kräfte sind sehr gering, sie existieren aber zwischen allen Materieteilchen. Sie werden **VAN-DER-WAALSsche-Kräfte** genannt. Man nimmt an, dass sie dadurch zustande kommen, dass in den Elektronenhüllen von Molekülen oder Atomen die Elektronen nicht immer ganz gleichmäßig verteilt sind. Durch die Bewegung der Elektronen ergeben sich manchmal Stellen unterschiedlicher Elektronendichte in der Schale (*siehe Abb. 26*). Stellen mit höherer Elektronendichte haben dann eine geringe negative Teilladung, Stellen mit Elektronenverarmung eine positive Teilladung. Da diese Zustände aber immer nur für ganz kurze Zeit auftreten, ergeben sich im zeitlichen Durchschnitt nur sehr schwache Kräfte.

VAN DER WAALS (1837–1923), niederländischer Physiker

Die VAN-DER-WAALSschen Anziehungskräfte nehmen mit steigender Größe eines Moleküls zu, denn die Möglichkeit der Ladungsverschiebung wird umso größer, je größer die Oberfläche eines Teilchens ist. Kristalle aus unpolaren Molekülen sind weich. Ihre Schmelztemperaturen sind niedrig, denn zur Zerstörung eines Molekülgitters, das nur von VAN-DER-WAALSschen Kräften zusammengehalten wird, ist nur ein geringer Energiebetrag notwendig.

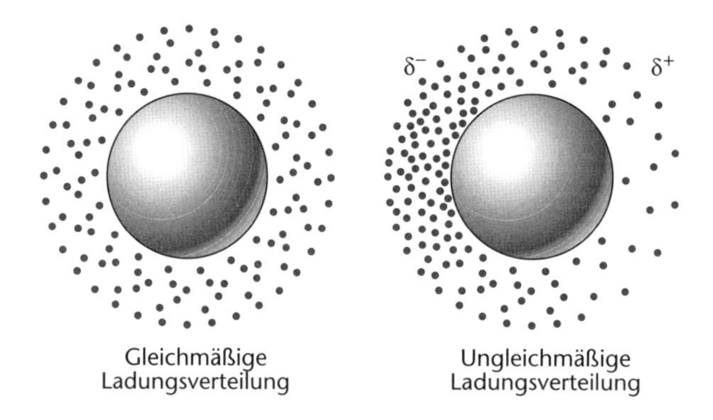

Abb. 26

Der Unterschied in der Größe der Anziehungskräfte zwischen Ionen, polaren und unpolaren Teilchen zeigt sich deutlich beim Vergleich der Schmelz- und Siedetemperaturen von Stoffen, deren kleinste Teilchen entweder aus Ionen, Dipolen oder unpolaren Teilchen bestehen.

	Kochsalz NaCl	Wasser H_2O	Methan CH_4
Schmelztemperatur	800 °C	0 °C	–184 °C
Siedetemperatur	1465 °C	100 °C	–164 °C
	Ionenverbindung	polare Elektronenpaarbindung	unpolare Elektronenpaarbindung

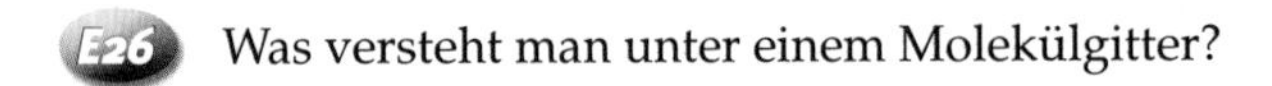

E26 Was versteht man unter einem Molekülgitter?

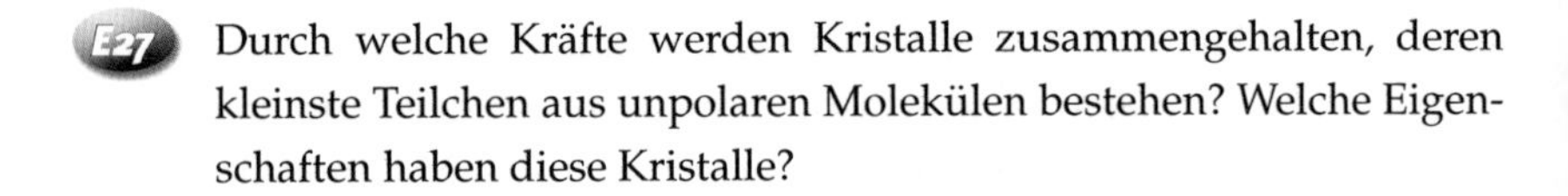

E27 Durch welche Kräfte werden Kristalle zusammengehalten, deren kleinste Teilchen aus unpolaren Molekülen bestehen? Welche Eigenschaften haben diese Kristalle?

E28 Welche Bindungskräfte wirken zwischen einzelnen Wassermolekülen?

E29 Wie erklärt man sich das Zustandekommen der VAN-DER-WAALSschen Kräfte?
(Diese Aufgabe ist zum Knobeln, du schaffst sie aber sicher auch!)

E30 Wasser hat die Formel H_2O und siedet bei 100 °C. Schwefelwasserstoff hat die Formel H_2S und siedet bei –60,4 °C. Wie erklärst du dir diesen deutlichen Unterschied?

F Oxidation und Reduktion

Dass Sauerstoff nötig ist, um eine Kerze am Brennen zu halten, ist dir bekannt. Der Verbrennungsvorgang ist eine typische Reaktion mit Sauerstoff, eine **Oxidation**.

Probier's aus:
Was passiert, wenn du eine Kerzenflamme von der Sauerstoffzufuhr abschneidest?

Du brauchst:
1 Kerze
Streichhölzer
1 Glas, das über die brennende Kerze passt

So wird's gemacht:
Zünde die Kerze an und stülpe anschließend das Glas darüber. Bald darauf stellt sich eine Veränderung ein – die Kerze geht aus. Die Erklärung dafür ist, dass Sauerstoff im Glas verbraucht wurde.

1. Verbrennungsvorgang

Bei einer Verbrennung im traditionellen Sinn findet unter starker Wärmeentwicklung eine spontane chemische Reaktion zwischen Brennstoff und Sauerstoff, einem Bestandteil der Luft, statt. Als Verbrennungsprodukt entsteht eine chemische Verbindung des Brennstoffes mit Sauerstoff. Eine solche Verbindung nennt man ein **Oxid**.

Oxid

Der Verbrennungsvorgang ist eine Synthese. Wiegt man alle Verbrennungsprodukte, so stellt man fest, dass diese schwerer sind als der unverbrannte Ausgangsstoff.

Verbrennung ist eine Oxidation, das Verbrennungsprodukt nennt man ein Oxid und die dabei frei werdende Energie wird als Verbrennungswärme bezeichnet.

Abb. 27
Hängt man an eine Balkenwaage ein lockeres Knäuel Eisenwolle und tariert aus, so kann man beobachten, wie die Eisenwolle nach dem Entzünden verglüht und dabei schwerer wird. Die Verbrennung ist also eine Synthese.

Reaktionsgleichung:

$$4\,Fe + 3\,O_2 \rightarrow \underset{\text{Dieisentrioxid}}{2\,Fe_2O_3}; \quad -\Delta H$$

Weitere Reaktionsgleichungen für Verbrennungen:

$$2\,Mg + O_2 \rightarrow \underset{\text{Magnesiumoxid}}{2\,MgO}; \quad -\Delta H$$

$$S + O_2 \rightarrow \underset{\text{Schwefeldioxid}}{SO_2}; \quad -\Delta H$$

$$2\,H_2 + O_2 \rightarrow \underset{\text{Wasser (Diwasserstoffoxid)}}{2\,H_2O}; \quad -\Delta H$$

1.1 Aktivierungsenergie

Obwohl bei Verbrennungen in der Regel viel Energie frei wird (exothermer Vorgang), muss doch meistens zunächst etwas Energie (Aktivierungsenergie) zugeführt werden, damit die Verbrennung beginnen kann. Das liegt daran, dass die Teilchen, die miteinander reagieren sollen, mit einer bestimmten Mindestenergie zusammenstoßen müssen, damit eine Reaktion eintritt.

Durch örtliche Erhitzung (Anzünden) wird die Bewegungsenergie einiger Teilchen so weit erhöht, dass diese beim Zusammenprall reagieren. Die dabei frei werdende Reaktionswärme sorgt nun dafür, dass immer mehr Teilchen die nötige kinetische Energie erhalten, um reagieren zu können. Die Verbrennung läuft jetzt ohne weitere Energiezufuhr von außen ab. Die überschüssige Energie wird als Verbrennungsenergie (= **Reaktionswärme**) frei.

Reaktionswärme

Ein Gemisch aus Wasserstoff und Sauerstoff kann bei Zimmertemperatur wochenlang aufbewahrt werden, ohne dass sich dabei eine merkliche Menge Wasser bildet. Erhitzt man jedoch das Gemisch an einer Stelle (zum Beispiel durch einen Funken), so läuft die Reaktion spontan ab, wobei viel Reaktionswärme frei wird (Knallgasreaktion).

Knallgasreaktion

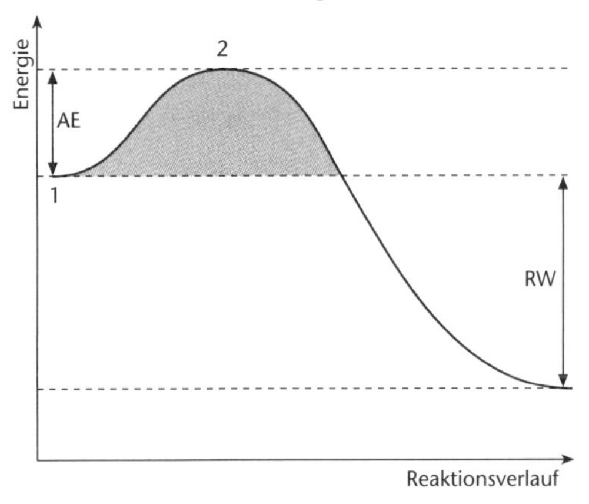

Abb. 28
Um eine Reaktion ablaufen zu lassen, müssen bei vielen Verbrennungsvorgängen die Reaktionspartner (1) einen „Energieberg" (2) überwinden, obwohl die Verbrennungsprodukte energieärmer sind, die Gesamtreaktion also exotherm ist. Die Energie zur Überwindung des Energieberges ist die Aktivierungsenergie (AE). Die Energiedifferenz zwischen Ausgangsstoffen und Verbrennungsprodukten ist die Reaktionswärme (RW).

1.2 Katalyse

Der Ablauf vieler chemischer Reaktionen kann durch Zusatz eines **Katalysators** beschleunigt werden. Katalysatoren setzen die Aktivierungsenergie herab. Dadurch wird gleichzeitig die Reaktionsgeschwindigkeit erhöht. Ein Katalysator bildet während des Reaktionsablaufes mit den Reaktionspartnern zwar Zwischenprodukte, in weiteren Reaktionsschritten bildet sich der Katalysator jedoch wieder zurück. Am Ende eines Reaktionsablaufes ist der Katalysator wieder genauso und in gleicher Menge vorhanden wie am Beginn der Reaktion. Er wurde also nicht verbraucht.

Arbeitsweise des Katalysators

Katalysatoren können sehr unterschiedliche Zusammensetzungen haben. Häufig handelt es sich um fein verteilte Metalle oder Metalloxide, aber auch Säuren und Basen oder organische Verbindungen können bei bestimmten Reaktionen katalytische Wirkung zeigen. Viele Reaktionen in der belebten Natur laufen katalytisch ab. Man spricht dann von Biokatalysatoren (**Enzyme**).

Biokatalysatoren

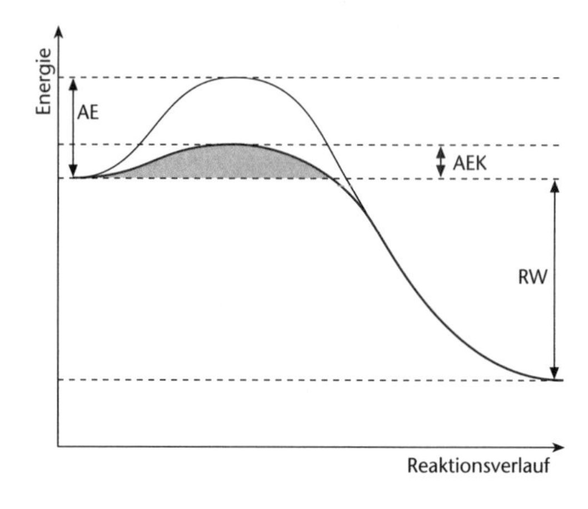

Abb. 29
AE = Aktivierungsenergie ohne Katalysator
AEK = Aktivierungsenergie mit Katalysator
RW = frei werdende Energie (Reaktionswärme)

katalytische Verbrennung

Ein Beispiel für eine katalytische Verbrennung ist die Reaktion von Sauerstoff mit Wasserstoff. Bei 20 °C ist die Reaktionsgeschwindigkeit der beiden Partner fast unmessbar klein. In Gegenwart von fein verteiltem Platin (zum Beispiel Platin auf Quarzwolle) jedoch vereinigen sich Wasserstoff und Sauerstoff schon bei Zimmertemperatur zu Wasser. Ausströmender Wasserstoff kann also mit platinierter Quarzwolle katalytisch gezündet werden. Die Suche nach geeigneten Katalysatoren ist bei vielen großtechnischen Prozessen von entscheidender wirtschaftlicher Bedeutung.

Katalysator im Auto

Wohl eine der bekanntesten Verwendungen eines Katalysators ist diejenige im Auspuff von Kraftfahrzeugen mit Verbrennungsmotoren. Dabei werden die schadstoffhaltigen Abgase über sehr fein verteilte Edelmetalle (zum Beispiel Platin) geleitet. Diese Katalyse bewirkt, dass ein Großteil der umweltschädlichen Abgase (Stickstoffoxide, Kohlenstoffmonooxid, unverbrannter Treibstoff) in unschädliche oder zumindest weniger schädliche Stoffe (Stickstoff, Kohlenstoffdioxid, Wasserdampf) umgewandelt werden.

1.3 Entzündungstemperatur; Flammpunkt

Es wird also meist Aktivierungsenergie benötigt, damit eine Verbrennung überhaupt erst in Gang gesetzt werden kann. Um eine brennbare Substanz (Gas oder fein versprühte Flüssigkeit oder fein zerteilter Feststoff) gemeinsam mit Luft spontan zur Verbrennung zu bringen, muss dieses Gemisch auf eine Mindesttemperatur erhitzt werden. Diese Mindesttemperatur, die bei verschiedenen Stoffen unterschiedlich hoch ist, nennt man **Entzündungstemperatur**.

Entzündungstemperatur

Flammpunkt

Davon zu unterscheiden ist der **Flammpunkt**. Man versteht darunter die Temperatur einer brennbaren Flüssigkeit, bei der sich eine so große Dampfmenge entwickelt hat, dass diese – mit Luft vermischt – mit einer Flamme gezündet werden kann.

Entzündungstemperatur (Et) und Flammpunkt (Fl) für verschiedene brennbare Substanzen:

Substanz	Et °C	Fl °C
Octan (ein Bestandteil von Benzin)	210	12
Ethanol (Weingeist)	425	12
Methanol	455	11
Benzol	555	–11
Aceton	540	–20
Diethylether („Ether")	170	–20
Schwefelkohlenstoff	102	–20

1.4 Besondere Verbrennungsvorgänge

1.4.1 *Spontane Oxidation*

Verbrennungen laufen häufig unter Flammenerscheinung ab. Flammen sind brennende oder glühende Gase. Durch die frei werdende hohe Verbrennungswärme werden die in der nächsten Umgebung anwesenden Gase bis zum Glühen erhitzt. Die Schnelligkeit einer Verbrennung hängt stark vom Verteilungsgrad des Brennstoffes ab. Je feiner verteilt ein brennbarer Stoff ist, desto größer ist seine Oberfläche. Der Verbrennungsvorgang kann gleichzeitig an der gesamten Oberfläche ablaufen.

Staubexplosion

Zu Staub zerkleinerte brennbare Feststoffe können spontan verbrennen, wenn diese im Gemisch mit Luft gezündet werden (**Staubexplosionen**). Staubexplosionen verursachen manchmal in Holz verarbeitenden Betrieben (Holzstaub), in Mühlen (Mehlstaub) und in Kohlebergwerken (Kohlestaub) erhebliche Schäden.

Gasexplosion

Der höchste Zerteilungsgrad eines Stoffes – und damit die größte Oberfläche – ist erreicht, wenn er in Moleküle aufgeteilt ist. Dies ist der Fall bei Gasen und bei verdampften Flüssigkeiten. Gemische aus brennbaren Gasen und Dämpfen mit Luft verbrennen deshalb bei Zündung explosionsartig (**Gasexplosionen**).

Die explosionsartige Verbrennung von Gemischen aus Dämpfen brennbarer Flüssigkeiten mit Luft wird in Verbrennungsmotoren praktisch genutzt. Im Vergaser wird Benzin verdampft und mit Luft gemischt. Dieses Gemisch wird in den Zylindern des Motors gezündet.

Bei einer Wachskerze steigt flüssiges Wachs im Docht empor. Dort wird es in der Hitze verdampft und verbrennt dann mit Flammenerscheinung. Beim „Anzünden" einer Kerze muss erst etwas Wachs im Docht verdampft werden, damit die Kerze entflammt werden kann; durch die frei werdende Verbrennungswärme kann immer weiter Wachs verdampfen, die Kerze brennt kontinuierlich weiter.

1.4.2 *Langsame Oxidation*

Ein Verbrennungsvorgang kann auch langsam ablaufen. Der Oxidationsvorgang findet dabei nicht in Sekundenschnelle statt, sondern zieht sich oft über mehrere Stunden und Tage hin. Solche „langsamen" Verbrennungen spielen in der Natur und auch in der Technik eine große Rolle. Langsame Verbrennungen laufen ohne Flammenerscheinung ab. Die Reaktionswärme wird innerhalb eines längeren Zeitraumes frei. Die Wärme kann sich deshalb gleichmäßiger in der Umgebung verteilen. Es kommt nicht zu örtlich starken Erhitzungen wie bei einer spontanen Verbrennung.

Atmung

Die Atmung ist ein typisches Beispiel für eine langsame Oxidation. Du verbrauchst pro Jahr etwa 300 kg Sauerstoff für deine Atmung. Die Ausatmungsluft enthält wesentlich mehr Kohlenstoffdioxid als die Einatmungsluft. Im Körper werden organische Stoffe (kohlenstoffhaltige Verbindungen) in einem komplizierten Vorgang oxidiert. Dabei entsteht Kohlenstoffdioxid, und Wärme wird frei. Der Körper gewinnt dadurch die notwendige Energie zur Aufrechterhaltung der Körperfunktionen.

stille Verbrennung

Das Rosten und Anlaufen von Metallen ist ebenfalls eine langsame Oxidation. Wegen der fehlenden Flammenerscheinung spricht man hier auch von einer „**stillen Verbrennung**".

Probier's aus:
Mit folgendem kleinem Experiment kannst du den Rostvorgang beobachten.

Du brauchst:

1 Holzschraube aus Eisen (gut geeignet ist ein Schraubhaken)
1 kleinen Holzklotz
1 Sprühflasche zum Versprühen von Wasser
etwas Spülmittel

So wird's gemacht:

Reinige die Holzschraube mit etwas Spülmittel und Wasser. Das Eisen muss völlig fettfrei sein. Drehe die Schraube etwa zur Hälfte in den Holzklotz. Besprühe die Schraube mit Wasser mehrmals täglich. Wenn die Schraube

sichtbar angerostet ist (das dauert mehrere Tage oder Wochen), drehe sie aus dem Holzklotz heraus.
Du erkennst: Die Schraube ist nur an den Stellen verrostet, an denen Luft und Feuchtigkeit „angreifen" konnten. Der Teil der Schraube, der im Holz steckte, ist völlig blank – wie am Anfang.

Aufgaben

F01 Beschreibe ein Experiment, aus dem zu erkennen ist, dass es sich beim Verbrennungsvorgang um eine Synthese handelt.

F02 Wie lautet die Reaktionsgleichung bei der Verbrennung von Aluminium?

F03 Warum muss man brennbare Stoffe erst anzünden, damit sie zu brennen beginnen?

F04 Was ist der Unterschied zwischen Entzündungstemperatur und Flammpunkt?

F05 Warum ist es gefährlich, eine Flasche mit Aceton offen stehen zu lassen?

F06 Nenne zwei Beispiele für langsame Verbrennungen.

F07 Was sind Katalysatoren? Zeige an einem Beispiel die Wirkung eines Katalysators.
(Diese Aufgabe ist zum Knobeln, du schaffst sie aber sicher!)

F08 Ein Gemisch aus „Ether" (Diethylether) und Luft kann sich entzünden, wenn es mit einem heißen Gegenstand (zum Beispiel Bügeleisen) in Berührung kommt, obwohl keine offene Flamme vorhanden ist. Wie ist das möglich?

F09 Warum muss Benzin erst „vergast" werden, damit es für den Antrieb im Motor geeignet ist?

F10 Wie groß wird die Gesamtoberfläche, wenn ein Würfel mit 10 cm Kantenlänge in Würfel mit der Kantenlänge 1 cm aufgeteilt wird? Welche Schlüsse können daraus gezogen werden, wenn der Würfel aus brennbarem Material besteht?

2. Reduktion

Mithilfe von Stoffen, die ein großes Bestreben haben, sich mit Sauerstoff zu verbinden, kann Oxiden (Sauerstoffverbindungen) der Sauerstoff entrissen werden. Diesen Vorgang bezeichnet man als Reduktion. Ein Stoff, der einem Oxid den Sauerstoff entziehen kann, ist ein **Reduktionsmittel**. Ein Reduktionsmittel wird dabei selbst oxidiert, denn es verbindet sich dabei mit Sauerstoff. Reduktionen und Oxidationen sind also stets miteinander gekoppelte Vorgänge. Man spricht daher von einer **Redoxreaktion**. Ein Stoff, der Sauerstoff für eine Oxidation liefert, ist ein **Oxidationsmittel**.

Redoxreaktion

Kupferoxid kann mithilfe von Wasserstoff reduziert werden:

$$CuO + H_2 \rightarrow Cu + H_2O; \qquad -\Delta H$$

Das Reduktionsmittel Wasserstoff reduziert Kupferoxid zu metallischem Kupfer. Das Kupferoxid ist hier ein Oxidationsmittel, denn es oxidiert den Wasserstoff zu Wasser.

Ein wichtiges Reduktionsmittel in der Technik ist Kohlenstoffmonooxid. Viele Oxide können in einer Redoxreaktion mit Kohlenstoffmonooxid reduziert werden, das dabei selbst zu Kohlenstoffdioxid oxidiert wird.
Beispiel: Reduktion von Dieisentrioxid Fe_2O_3 zur Herstellung von Eisen im Hochofenprozess:

$$Fe_2O_3 + 3\,CO \rightarrow 2\,Fe + 3\,CO_2; \qquad -\Delta H$$

3. Erweiterter Redox-Begriff; Oxidationszahl

Metalloxid

Bei der Oxidation eines *Metalls* mit Sauerstoff entsteht ein Metalloxid. Die Reaktion läuft so ab, dass der Sauerstoff die Außenelektronen des Metalls aufnimmt. Es entstehen positive Metallionen und negative Sauerstoffionen. Auch andere Elemente (zum Beispiel aus der VII. Hauptgruppe im PSE) können Außenelektronen von Metallen aufnehmen. Dabei entstehen ebenfalls positive Metallionen und das Elektronen aufnehmende Element wird zu einem negativen Ion. Der Elektronenübergang von einem Metall auf ein Elektronen aufnehmendes Element gleicht ganz den Vorgängen bei der Oxidation eines Metalls mit Sauerstoff. Man bezeichnet daher alle Vorgänge, bei denen Elektronen abgegeben oder aufgenommen werden, als Redoxreaktionen.

Definition

Oxidation ist eine Elektronenabgabe.
Reduktion ist eine Elektronenaufnahme.

Bei der Oxidation von Magnesium mit Sauerstoff erfolgt ein Elektronenübergang von Magnesium auf Sauerstoff:

$$Mg\!: + \ddot{\underset{..}{O}}\!: \rightarrow Mg^{2+} + :\ddot{\underset{..}{O}}:^{2-}; \qquad -\Delta H$$

Bei der Reaktion von Magnesium mit Chlor erfolgt ein Elektronenübergang von Magnesium auf Chlor:

$$Mg\!: + 2\ \cdot\ddot{\underset{..}{Cl}}\!: \rightarrow Mg^{2+} + 2\ :\ddot{\underset{..}{Cl}}:^{-}; \qquad -\Delta H$$

In beiden Fällen wurde Magnesium oxidiert, denn es hat Elektronen abgegeben. Die Elemente Sauerstoff bzw. Chlor wurden reduziert, denn sie haben Elektronen aufgenommen.

$$\begin{array}{lllll} \text{Oxidation:} & Mg & \rightarrow & Mg^{2+} & + 2\,e^- \\ \text{Reduktion:} & 2\,Cl + 2\,e^- & \rightarrow & 2\,Cl^- & \\ \hline \text{Redoxreaktion:} & Mg + 2\,Cl & \rightarrow & Mg^{2+} & + 2\,Cl^- \end{array}$$

Die chemische Reaktion eines *Nichtmetalls* mit Sauerstoff nennt man ebenfalls eine Oxidation. Sauerstoff nimmt hier zwar nicht die Elektronen wie in einer Ionenbindung auf. Man ordnet aber die Elektronen dem stark elektronegativen Sauerstoff formell zu. Da Sauerstoff formell 2 Elektronen aufnimmt, erhält er die **Oxidationszahl** –II.

Ganz allgemein können Reaktionen zwischen Partnern mit unterschiedlicher Elektronegativität als Redoxreaktionen formuliert werden. Das elektronegativere Element erhält dann eine negative Oxidationszahl, das elektropositivere Element eine positive Oxidationszahl. Elemente, die sich nicht oder nur mit der gleichen Atomart verbunden haben, erhalten die Oxidationszahl 0. Um eine Verwechslung mit der Ionenladung zu vermeiden, schreibt man in Formeln die Oxidationszahl als römische Zahl mit entsprechendem Vorzeichen über das entsprechende Elementsymbol.

> Oxidation eines Elements bedeutet eine Erhöhung seiner Oxidationszahl. Reduktion eines Elements bedeutet eine Erniedrigung seiner Oxidadationszahl.

Oxidationszahl

Bei der Feststellung der Oxidationszahlen der einzelnen Elemente in chemischen Verbindungen kann man sich an folgenden Faustregeln orientieren:

1. Sauerstoff hat in Verbindungen fast immer die Oxidationszahl –II.
2. Wasserstoff hat in Verbindungen immer die Oxidationszahl I. (Das positive oder negative Vorzeichen ergibt sich aus der Elektronegativität des Bindungspartners.)

3. Metalle haben in Verbindungen immer eine positive Oxidationszahl.
4. In Ionenverbindungen entspricht die Oxidationszahl der Ionenladung.
5. Das elektronegativere Element erhält eine negative Oxidationszahl.
6. Positive und negative Oxidationszahlen ergeben innerhalb einer ungeladenen Verbindung die Summe 0.
7. In einem mehratomigen Ion muss sich aus der Summe der Oxidationszahlen der Elemente, aus denen das Ion aufgebaut ist, die Ladungszahl des Ions ergeben.

Verbrennt man Wasserstoff, so bildet sich Wasser. Es entsteht eine Verbindung mit Elektronenpaarbindung. Es erfolgt also kein Elektronenübergang wie bei der Ionenbindung. Die beiden an der Bindung beteiligten Elektronen werden dem Sauerstoff zugeordnet, weil er elektronegativer als der Wasserstoff ist.

$$2\,\overset{0}{H_2} + \overset{0}{O_2} \rightarrow 2\,\overset{+I}{H_2}\overset{-II}{O}; \qquad -\Delta H$$

Wasserstoff mit der Oxidationszahl 0 reagiert mit Sauerstoff der Oxidationszahl 0. Dabei bildet sich Wasser. Im Wasser hat der Wasserstoff die Oxidationszahl +I und Sauerstoff die Oxidationszahl –II.

Weitere Beispiele:

$$\overset{0}{H_2} + \overset{0}{Cl_2} \rightarrow 2\,\overset{+I}{H}\overset{-I}{Cl}; \qquad -\Delta H$$

$$\overset{0}{C} + \overset{0}{O_2} \rightarrow \overset{+IV}{C}\overset{-II}{O_2}; \qquad -\Delta H$$

Aufgabenbeispiele: Wie lauten die Oxidationszahlen in folgenden chemischen Verbindungen?

a) SO_2 b) H_2S c) MgO d) SO_4^{2-} e) NO_2^+

a) Weil Sauerstoff fast immer die Oxidationszahl –II hat, muss Schwefel in der Verbindung SO_2 die Oxidationszahl +IV haben, damit die Summe der Oxidationszahlen aller Elemente in Schwefeldioxid 0 ergibt.

b) Schwefel ist elektronegativer als Wasserstoff. Wasserstoff erhält deshalb die Oxidationszahl +I; für Schwefel ergibt sich in der Verbindung H_2S die Oxidationszahl –II.

c) Magnesium hat die Oxidationszahl +II; Sauerstoff –II.

d) In dem Teilchen SO_4^{2-} (Sulfation) hat der Schwefel die Oxidationszahl +VI. Für 4 Sauerstoffatome ergibt sich 4 · (–II) = –VIII. Da die Ladung des Sulfations –2 ist, hat der Schwefel also die Oxidationszahl +VI.

e) Der Stickstoff hat im NO_2^+-Teilchen die Oxidationszahl +V. Für 2 Sauerstoffatome ergibt sich –IV. Da aber das NO_2^+-Teilchen eine einfache positive Ladung trägt, muss dem Stickstoff in dieser Verbindung die Oxidationszahl +V zugeschrieben werden.

Aufgaben

F11 Gib eine allgemeine Definition für die Begriffe Oxidation und Reduktion.

F12 Was ist ein Redoxvorgang?

F13 Was sind die Oxidations- und was die Reduktionsmittel bei folgenden chemischen Vorgängen?

a) $4\,Fe + 3\,O_2 \rightarrow 2\,Fe_2O_3; \quad -\Delta H$

b) $Mg + Cl_2 \rightarrow MgCl_2; \quad -\Delta H$

c) $CuO + H_2 \rightarrow Cu + H_2O; \quad -\Delta H$

F14 Natrium reagiert mit Chlor zu Natriumchlorid. Warum wird Natrium bei diesem Vorgang oxidiert? Was geschieht mit dem Chlor?

F15 Gib die Oxidationszahlen der Elemente in folgenden Verbindungen an:

a) SO_3; b) CuO; c) Fe_2O_3; d) NH_3; e) CO_2; f) CO; g) CH_4; h) Cl_2

F16 Calcium und Brom reagieren miteinander. Gib eine Reaktionsgleichung an. Handelt es sich hier um einen Oxidations- oder um einen Reduktionsvorgang? Begründe deine Aussage!

F17 Methan (CH_4), ein Hauptbestandteil des Erdgases, wird verbrannt. Wie lautet die Reaktionsgleichung? Gib die Oxidationszahlen für Kohlenstoff, Wasserstoff und Sauerstoff vor und nach dieser Reaktion an.
(Diese Aufgabe ist zum Knobeln; du schaffst sie aber sicher!)

F18 Um welchen Vorgang handelt es sich bei folgenden Gleichungen?

a) $Fe_2O_3 + 2\,Al \rightarrow Al_2O_3 + 2\,Fe$

b) $H_2O + Mg \rightarrow MgO + H_2$

c) $2\,KBr + Cl_2 \rightarrow 2\,KCl + Br_2$

F19 Gib die Oxidationszahlen der Elemente in folgenden Verbindungen an:

a) IF_7; b) ClF; c) H_2O_2; d) N_2H_4; e) CO_3^{2-}; f) P_4O_{10}; g) NO_3^-; h) LiH

G

Säuren, Basen (Laugen), Salze

Bei Säuren, Basen (Laugen) und Salzen handelt es sich um chemische Verbindungen, mit denen wir alltäglich, auch beim Essen und Trinken, zu tun haben. In Limonade ist KOHLENSÄURE gelöst. Zum Knabbern gibt's LAUGENGEBÄCK, das vor dem Backen in stark verdünnte NATRONLAUGE getaucht wurde. Mit SALZ würzen wir unsere Speisen.

1. Säure- und Basebegriff nach ARRHENIUS

ARRHENIUS (1859–1927), schwedischer Naturwissenschaftler

Nach SVANTE ARRHENIUS sind **Säuren** chemische Verbindungen, die in Wasser gelöst in Protonen (Wasserstoffionen H^+) und Säurerestionen zerfallen (dissoziieren). Die Wasserstoffionen bewirken die saure Reaktion der wässerigen Lösung.

$$H_2SO_4 \xrightarrow{H_2O} 2\,H^+_{(aq)} + SO^{2-}_{4\,(aq)}$$

Über dem Reaktionspfeil wird durch das Symbol H_2O angegeben, dass diese Reaktion in wässeriger Lösung abläuft. Der Zusatz „(aq)" bedeutet „hydratisiert" – dazu kommen wir gleich.

Die wässerige Lösung von Chlorwasserstoff (HCl) ist Salzsäure.

$$HCl \xrightarrow{H_2O} H^+_{(aq)} + Cl^-_{(aq)}$$

Basen nennt ARRHENIUS chemische Verbindungen, die in Wasser gelöst Hydroxidionen $(OH)^-$ und positive Metallionen bilden. Die alkalische (= basische) Reaktion der wässerigen Lösung wird durch die Hydroxidionen verursacht. Diese Lösungen werden auch als **Laugen** bezeichnet.

Die wässerige Lösung von Natriumhydroxid (NaOH) ist Natronlauge.

Die wässerige Lösung von Calciumhydroxid ($Ca(OH)_2$) ist Calciumlauge oder „Kalkwasser".

$$NaOH \xrightarrow{H_2O} Na^+_{(aq)} + (OH)^-_{(aq)}$$

$$Ca(OH)_2 \xrightarrow{H_2O} Ca^{2+}_{(aq)} + 2\,(OH)^-_{(aq)}$$

1.1 Neutralisation

Werden Säuren und Basen zusammengegeben, so bilden sich aus den Hydroxidionen (also $(OH)^-$) und aus den Wasserstoffionen (H^+) *Wassermoleküle.* Gibt man zu einer bestimmten Menge Säure gerade so viel Lauge, dass sowohl die saure als auch die basische Reaktion aufgehoben wird, so bezeichnet man dies als eine **Neutralisation**.

Neutralisation

$$H^+_{(aq)} + Cl^-_{(aq)} + Na^+_{(aq)} + (OH)^-_{(aq)} \rightarrow H_2O + Na^+_{(aq)} + Cl^-_{(aq)}; \qquad -\Delta H$$

Vereinfacht geschrieben:

$$HCl + NaOH \xrightarrow{H_2O} H_2O + NaCl; \qquad -\Delta H$$

Ein weiteres Beispiel vereinfacht geschrieben:

$$H_2CO_3 + Ca(OH)_2 \xrightarrow{H_2O} 2\,H_2O + CaCO_3; \qquad -\Delta H$$

1.2 Oxoniumionen, Wasserstoffionen

Heute weiß man, dass in wässerigen Säurelösungen keine freien, also ungebundenen Protonen (H^+) vorkommen. Die Protonen lagern sich an freie Elektronenpaare am Sauerstoff der Wassermoleküle an. Dabei bilden sich **Oxoniumionen H_3O^+**. Die Oxoniumionen sind in wässeriger Lösung **hydratisiert**. Es lagern sich noch weitere Wassermoleküle an, sodass in Säurelösungen unter anderem $H_5O_2{}^+$-; $H_7O_3{}^+$-; $H_9O_4{}^+$-; $H_{13}O_6{}^+$-Ionen neben ebenfalls hydratisierten Säurerestionen vorliegen. Vereinfacht bezeichnet man alle diese hydratisierten H^+-Ionen als **Wasserstoffionen**.

Hydratisieren
hydor (griech.) = Wasser

$$HCl + H_2O \xrightarrow{H_2O} H_3O^+_{(aq)} + Cl^-_{(aq)}$$

In Elektronenpaarschreibweise:

$$H{:}\ddot{\underset{..}{Cl}}{:} + H{:}\ddot{\underset{..}{O}}{:}H \xrightarrow{H_2O} [H{:}\overset{H}{\underset{..}{O}}{:}H]^+_{(aq)} + {:}\ddot{\underset{..}{Cl}}{:}^-_{(aq)}$$

Um anzudeuten, dass das Proton (H^+) hydratisiert vorliegt, schreibt man heute vereinfacht $H^+_{(aq)}$. Wie am Wasserstoffion lagern sich auch am Hydroxidion Wassermoleküle an. Es ist also in wässerigen Lösungen ebenfalls hydratisiert. Man schreibt deshalb auch hier vereinfacht $OH^-_{(aq)}$. Da nach ARRHENIUS bei einer Neutralisation lediglich Wasserstoffionen mit Hydroxidionen zu Wasser reagieren, lautet die Neutralisationsgleichung:

$$H^+_{(aq)} + OH^-_{(aq)} \rightarrow H_2O; \qquad \Delta H = -56{,}9\ \text{kJ/mol}$$

Das Oxoniumion hat die Form einer flachen Pyramide. Nach der Elektronenpaarabstoßungstheorie halten sich die Elektronenpaare in den Ecken eines Tetraeders auf. Das Sauerstoffatom befindet sich im Zentrum dieses Tetraeders. Die drei Wasserstoffatome sind kovalent durch je ein Elektronenpaar an den Sauerstoff gebunden.

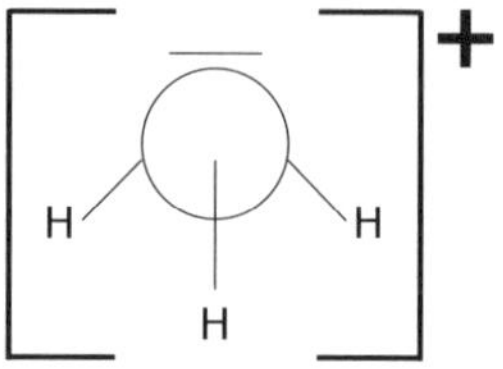

Abb. 30
Oxoniumion
Jeder Strich bedeutet ein Elektronenpaar.

In den hydratisierten H_3O^+-Ionen sind über Wasserstoffbrücken Wassermoleküle an das H_3O^+-Ion assoziiert (angelagert).

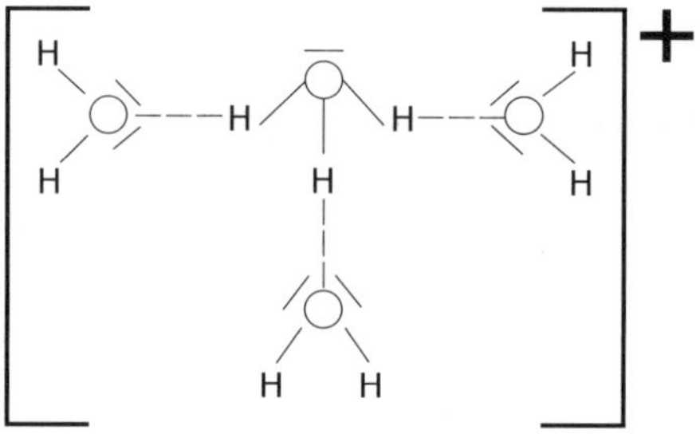

Abb. 31
Neben dem häufig auftretenden $[H_9O_4]^+$-Ion (= $H_3O^+ \cdot 3\ H_2O$) liegen in wässerigen Säurelösungen auch noch andere Assoziate vor, zum Beispiel $H_3O^+ \cdot H_2O = [H_5O_2]^+$ oder $H_3O^+ \cdot 2\ H_2O = [H_7O_3]^+$.

1.3 Salze

Bei der Neutralisation einer Säure mit einer Lauge bildet sich also Wasser. Die negativen Säurerestionen und die positiven Metallionen nehmen an der Neutralisation nicht teil. Sie bleiben in hydratisierter Form im Wasser zurück. Verdampft man das Wasser, so lagern sich die Säurerestionen und die Metallionen zu einem Ionengitter zusammen. Es bilden sich Salzkristalle.

Man kann also sagen:

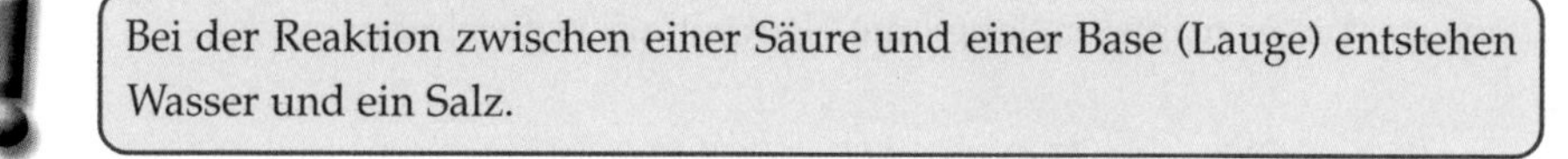
Bei der Reaktion zwischen einer Säure und einer Base (Lauge) entstehen Wasser und ein Salz.

Salze sind typische Ionenverbindungen. Sie entstehen nicht nur bei einer Neutralisation, sondern auch bei anderen chemischen Reaktionen:

Metall + Nichtmetall → Salz
Metall + Säure → Salz + Wasserstoff
Metalloxid + Säure → Salz + Wasser
Nichtmetalloxid + Base → Salz + Wasser

Neutralisiert man Natronlauge (wässerige Lösung von NaOH) mit Salzsäure (wässerige Lösung von HCl), so erhält man eine Lösung von Kochsalz in Wasser.

Lässt man das Wasser verdunsten, so bleibt kristallisiertes Kochsalz zurück.

Andere Neutralisationsreaktionen:

$$2\,HCl + Ca(OH)_2 \rightarrow CaCl_2 + 2\,H_2O; \qquad -\Delta H$$

oder

$$H_2SO_4 + 2\,NaOH \rightarrow Na_2SO_4 + 2\,H_2O; \qquad -\Delta H$$

Bei dieser vereinfachten Schreibweise von Neutralisationsgleichungen muss beachtet werden, dass die Salze in Ionenform vorliegen (also $Ca^{2+} + 2\,Cl^-$; $2\,Na^+ + SO_4^{2-}$).

Beispiele für weitere Möglichkeiten der Salzbildung:

Metall + Nichtmetall:	$Ca + Cl_2$	$\rightarrow CaCl_2$;	$-\Delta H$
Metall + Säure:	$Ca + 2\,HCl$	$\rightarrow CaCl_2 + H_2\uparrow$;	$-\Delta H$
Metalloxid + Säure:	$CaO + 2\,HCl$	$\rightarrow CaCl_2 + H_2O$;	$-\Delta H$
Nichtmetalloxid + Base:	$CO_2 + Ca(OH)_2$	$\rightarrow CaCO_3 + H_2O$;	$-\Delta H$

1.4 Indikatoren

Säure-Base-**Indikatoren** sind Farbstoffe, die in saurer Lösung eine andere Farbe zeigen als in alkalischer (= basischer) Lösung. Solche Säure-Base-Indikatoren zeigen also an, ob eine wässerige Lösung sauer oder basisch ist.

Indikatoren werden als Farbstofflösungen benutzt, von denen man einige Tropfen in eine Probe der zu untersuchenden Flüssigkeit tropft. Häufig verwendet man auch Indikatorpapier. Man taucht einen Streifen davon in die Lösung und beurteilt nach wenigen Sekunden den Farbumschlag.

Häufig gebrauchte Indikatoren:

Indikator	Farbe im sauren Bereich	Farbe im basischen Bereich
Lackmus	rot	blau
Phenolphthalein	farblos	pink
Methylorange	rot	gelb
Bromthymolblau	gelb	blau
Bromkresolpurpur	gelb	purpur

Du kannst dir auch selbst einen Indikator herstellen.

Probier's aus:
Lösungen von Pflanzenfarbstoffen sind oft als Säure-Base-Indikatoren geeignet, weil sie im basischen, neutralen und sauren Bereich deutlich voneinander unterscheidbare Farben zeigen. Probier das mal mit einem Absud aus Blaukraut (Rotkohl).

Du brauchst:
1 Kochtopf (für ca. 1 Liter)
1 Becher mit Schnabel zum Ausgießen (für ca. 1 Liter)
1 Kochplatte oder Kochherd
3 kleine Trinkgläser aus farblosem Glas
1 kleine Schüssel (für ca. $^1/_4$ Liter)
1 Küchenmesser
einige Blaukrautblätter
etwas Speiseessig oder Zitronensaft
Lösung von echter Kernseife (dazu etwas Kernseife mit Messer in Schüssel schaben, mit Wasser zur Hälfte auffüllen und umrühren)

So wird's gemacht:

- Zerkleinere einige Blätter von einem Blaukrautkopf und gib diese in den Kochtopf, bis dieser knapp zur Hälfte mit Blattstücken gefüllt ist. Gieße mit Wasser auf, bis die Blätter gerade bedeckt sind. Stelle den Topf auf die Kochplatte und erhitze zum Sieden. Nimm nach ca. drei bis fünf Minuten Kochzeit den Topf vom Herd und lasse abkühlen, damit du dir nicht die Finger verbrennst. Gieße (dekantiere) dann den Blaukraut-Absud in den Schnabelbecher.
- Stelle die drei Trinkgläser nebeneinander auf und fülle sie jeweils zu etwa drei Viertel mit dem blauen Absud.

- Gib zu einem der Gläser etwas Essig oder Zitronensaft dazu. Du siehst: Die blaue Farbe des Absuds schlägt nach Rot um. Essig und Zitronensaft sind Säuren.
- In das zweite Glas wird etwas Kernseifenlauge gegeben. Du siehst: Es erfolgt ein Farbumschlag nach Grün. Kernseifenlösung ist basisch.
- Dem dritten Glas wird nichts zugegeben. Es zeigt die blaue Farbe im neutralen Bereich.
- Wichtig ist, dass du echte Kernseife verwendest. Moderne Toilettenseifen sind nicht oder nur sehr schwach basisch. Teste selbst!
- Übrigens hast du sicher schon beobachtet, dass sich die Farbe von schwarzem Tee verändert, wenn du Zitronensaft hineinträufelst. Schwarzer Tee ist also auch ein Indikator.

Aufgaben

G01 Gib eine kurze Definition für die Begriffe „Säure" und „Base" nach ARRHENIUS.

G02 Was ist eine Lauge?

G03 Was versteht man unter dem Begriff „Neutralisation"?

G04 Wie lautet die Reaktionsgleichung für die Neutralisation von Kaliumhydroxid mit Bromwasserstoffsäure?

G05 Was ist ein Oxoniumion?

G06 Was geschieht, wenn Chlorwasserstoffgas in Wasser gelöst wird? Gib die Reaktionsgleichung an!

G07 Was bedeutet die Formel $[H_9O_4]^+$?

G08 Protonen sind in wässerigen Lösungen hydratisiert. Welche Kräfte halten die Protonen und die Wassermoleküle zusammen (zum Beispiel im $[H_9O_4]^+$-Ion)?

G09 Was bedeutet die Symbolschreibweise $H^+_{(aq)}$?

G10 Was ist ein Salz?

G11 Gib außer der Neutralisation zwei weitere Möglichkeiten der Salzbildung an.

G12 Gib drei Möglichkeiten für die Bildung des Salzes Magnesiumchlorid $MgCl_2$ an. Schreibe auch die Reaktionsgleichungen auf.

Wie kann man auf einfache Weise feststellen, ob die wässerige Lösung einer Substanz sauer oder basisch ist?

Zwei verschiedene Substanzen werden jeweils in etwas Wasser gelöst. Eine Probe der einen Flüssigkeit färbt Lackmus rot, die andere färbt Lackmus blau.
Welche der beiden Flüssigkeiten leitet den elektrischen Strom? Beim Zusammengießen beider Lösungen ergibt sich eine klare Flüssigkeit, die Lackmus weder rot noch blau färbt. Welche Beobachtung kann man außerdem beim Vermischen beider Flüssigkeiten machen? Erwartest du, dass die Mischung den elektrischen Strom leitet? (Die sehr geringe elektrische Leitfähigkeit von reinem Wasser kann vernachlässigt werden.)

2. Säure- und Basebegriff nach BRÖNSTED-LOWRY

BRÖNSTED (1879–1947), dänischer Chemiker
LOWRY (1874–1936), englischer Chemiker

JOHANNES NIKOLAUS BRÖNSTED und THOMAS MARTIN LOWRY erweiterten 1923 unabhängig voneinander den Säure-Base-Begriff.

Nach BRÖNSTED-LOWRY sind Säuren Substanzen, die Protonen abgeben können (**Protonendonatoren, Protonengeber**). Basen sind Substanzen, die Protonen aufnehmen können (**Protonenakzeptoren, Protonenfänger**). Nach BRÖNSTED-LOWRY können sowohl Moleküle als auch Ionen Säuren oder Basen sein. Viele Substanzen treten in bestimmten Reaktionen als Säuren auf, während sie in anderen Reaktionen als Basen fungieren. Solche Substanzen nennt man **Ampholyte**.

Ampholyte

Eine Substanz kann nur dann als Säure wirken, also Protonen abgeben, wenn gleichzeitig eine Substanz vorhanden ist, die Protonen aufnehmen kann. Den Übergang von Protonen von einer Substanz auf eine andere nennt man **Protolyse**.

Protolyse

Wenn eine Säure ein Proton abgibt, so ist das übrig bleibende Teilchen eine Base. Durch Protonenaufnahme kann diese Base wieder zur ursprünglichen Säure werden. Die Reaktion ist also umkehrbar.

$$HA \rightleftarrows H^+ + A^-$$

A^- ist die durch Protonenabgabe aus HA entstandene Base. Man bezeichnet diese Base als konjugierte (korrespondierende) Base zur Säure HA. Umgekehrt ist HA die konjugierte Säure zur Base A^-. HA und A^- nennt man **ein konjugiertes (korrespondierendes) Säure-Base-Paar**.

konjugierte Säure-Base-Paare

Bei der Reaktion von Chlorwasserstoff mit Wasser wirkt Chlorwasserstoff als Säure (Protonenabgeber) und Wasser als Base (Protonenaufnehmer).

$$HCl + H_2O \xrightarrow{H_2O} H_3O^+_{(aq)} + Cl^-_{(aq)}$$

Bei der Reaktion von Ammoniak mit Wasser wirkt Ammoniak als Base (Protonenaufnehmer) und Wasser als Säure (Protonenabgeber).

$$NH_3 + H_2O \xrightarrow{H_2O} NH^+_{4\,(aq)} + OH^-_{(aq)}$$

Wasser kann also, wie das Beispiel mit HCl zeigt, als Base (Protonenakzeptor) auftreten. Im Beispiel mit NH_3 fungiert Wasser jedoch als Säure (Protonendonator). Wasser ist demnach ein Ampholyt.

Konjugierte (korrespondierende) Säure-Base-Paare sind:

Säure	Base
HCl	Cl^-
H_3O^+	H_2O
H_2O	OH^-
NH_4^+	NH_3
H_2SO_4	HSO_4^-
HSO_4^-	SO_4^{2-}

2.1 Starke und schwache Säuren und Basen

Eine starke Säure gibt leicht Protonen ab. Ihre konjugierte Base nimmt Protonen nur schwach auf.
Eine starke Base nimmt leicht Protonen auf. Ihre konjugierte Säure gibt Protonen nur mäßig ab. Das HCl-Molekül ist eine starke Säure, es gibt leicht ein Proton ab. Die konjugierte Base ist das Cl^--Ion. Sein Verlangen, ein Proton aufzunehmen, ist nur schwach. Das Cl^--Ion ist also eine schwache Base.
Das Ammoniakmolekül ist eine ausgeprägte Base; es nimmt leicht ein Proton auf. Die konjugierte Säure, das NH_4^+-Ion, neigt nur schwach zur Protonenabgabe. Es ist eine schwache Säure.

2.2 Ein-, zwei- und dreiprotonige Säuren

Ein Teilchen (Molekül oder Ion) nennt man eine einprotonige Säure, wenn es insgesamt nur 1 Proton an eine Base abgeben kann. Viele Säuren können pro Molekül (oder Ion) auch 2 oder 3 Protonen abgeben. Man nennt sie dann zwei- oder dreiprotonig, je nachdem, wie viel Protonen maximal abgegeben werden können.

mehrschrittige Protonenabgabe

Die Abgabe der Protonen bei mehrprotonigen Säuren erfolgt schrittweise:

1. Schritt $H_3A \rightarrow H_2A^- + H^+$
2. Schritt $H_2A^- \rightarrow HA^{2-} + H^+$
3. Schritt $HA^{2-} \rightarrow A^{3-} + H^+$

Bei diesem allgemeinen Beispiel für die Protonenabgabe bei einer dreiprotonigen Säure entsteht im 1. Schritt ein Ion, das noch 2 Säurewasserstoffatome enthält. Im 2. Schritt wird ein weiteres Proton abgegeben. Das zweifach negativ geladene Säurerestion enthält nun nur noch 1 Säurewasserstoffatom. Beim 3. Schritt wird auch das letzte Proton abgegeben. Das Säurerestion ist dreifach negativ geladen. Es können sich dementsprechend bei einer Neutralisation drei Arten von Salzen bilden.

einprotonige Säuren

Chlorwasserstoffsäure und Salpetersäure zum Beispiel sind einprotonige Säuren.

$HCl \rightarrow H^+ + Cl^-$

$HNO_3 \rightarrow H^+ + NO_3^-$

zweiprotonige Säuren

Schwefelsäure und Kohlensäure zum Beispiel sind zweiprotonige Säuren.

$H_2SO_4 \rightarrow 2\,H^+ + SO_4^{2-}$

$H_2CO_3 \rightarrow 2\,H^+ + CO_3^{2-}$

dreiprotonige Säuren

Phosphorsäure ist dreiprotonig.

$H_3PO_4 \rightarrow 3\,H^+ + PO_4^{3-}$

Phosphorsäure gibt ihre drei Protonen in 3 Schritten ab:

1. Schritt $H_3PO_4 \rightarrow H_2PO_4^- + H^+$
2. Schritt $H_2PO_4^- \rightarrow HPO_4^{2-} + H^+$
3. Schritt $HPO_4^{2-} \rightarrow PO_4^{3-} + H^+$

Es gibt deshalb drei Reihen von Salzen der Phosphorsäure:

1. Dihydrogenphosphate, zum Beispiel NaH_2PO_4 oder $Ca(H_2PO_4)_2$
2. Hydrogenphosphate, zum Beispiel Na_2HPO_4 oder $CaHPO_4$
3. Phosphate, zum Beispiel Na_3PO_4 oder $Ca_3(PO_4)_2$

2.3 Stoffmengenkonzentration

Um den Gehalt von Stoffen in Lösungen angeben zu können, wurde der Begriff **Stoffmengenkonzentration** (häufig nur „Konzentration“ genannt) eingeführt. Ihr Wert c gibt an, wie viel Mol eines gelösten Stoffes in einem Liter Lösung enthalten sind.

Es besteht die Beziehung: $c(X) = \frac{n(X)}{V}$

c = Konzentration in mol/l; X = (angenommenes) Teilchen

n = Teilchenmenge in mol; V = Volumen der Lösung in l

Molarität

Man bezeichnet diese Konzentrationsangabe auch als **Molarität**.
Die Molarität gibt an, wie viel Mol eines Stoffes in 1 l einer Lösung enthalten sind.

Anwendungsbeispiele:

a) In 100 ml einer bestimmten Kochsalzlösung sind 11,688 g Natriumchlorid gelöst. Wie groß ist die Stoffmengenkonzentration?

Die molare Masse *M* von Kochsalz (NaCl) ist 58,44 g/mol;
11,688 g sind dann 0,2 mol NaCl:

$$c\,(\mathrm{NaCl}) = \frac{0{,}2\ \mathrm{mol\ (NaCl)}}{0{,}1\ \mathrm{l}}$$

Daraus errechnet sich: $c\,(\mathrm{NaCl}) = 2\ \mathrm{mol/l}$

b) 200 ml einer verdünnten Schwefelsäure enthalten 9,807 g H_2SO_4. Wie groß ist die mögliche Konzentration an H_3O^+-Ionen dieser Säure?

$M\,(H_2SO_4) = 98{,}07$ g/mol; 9,807 g sind dann 0,1 mol H_2SO_4; da es sich bei der Schwefelsäure um eine zweiprotonige Säure handelt, können aus 0,1 mol H_2SO_4 in wässeriger Lösung 0,2 mol H_3O^+-Ionen entstehen.

$$c\,(\mathrm{H_3O^+}) = \frac{0{,}2\ \mathrm{mol\ (H_3O^+)}}{0{,}2\ \mathrm{l}}$$

Es ergibt sich: $c\,(\mathrm{H_3O^+}) = 1\ \mathrm{mol/l}$

c) Wie viel Ätznatron NaOH ist in 250 ml einer 0,5-molaren Natronlauge enthalten?

$$0{,}5\ \mathrm{mol/l} = \frac{n}{0{,}25\ \mathrm{l}}; \qquad n = 0{,}125\ \mathrm{mol}$$

$M\,(\mathrm{NaOH}) = 39{,}997$ g/mol; 0,125 mol sind dann 4,999 g.
In 250 ml einer 0,5-molaren NaOH-Lösung sind also 4,999 g Ätznatron enthalten.

Aufgaben

G15 Wie haben BRÖNSTED und LOWRY die Begriffe Säure und Base definiert?

G16 Was ist ein Ampholyt? Nenne und begründe ein Beispiel.

G17 Was ist eine Protolyse? Formuliere ein Beispiel.

G18 Warum kann Ammoniak NH_3 basisch reagieren?

G19 Nenne die konjugierte Base zu folgenden Säuren: HCl; HNO_3; NH_4^+; H_2SO_4; H_2O.

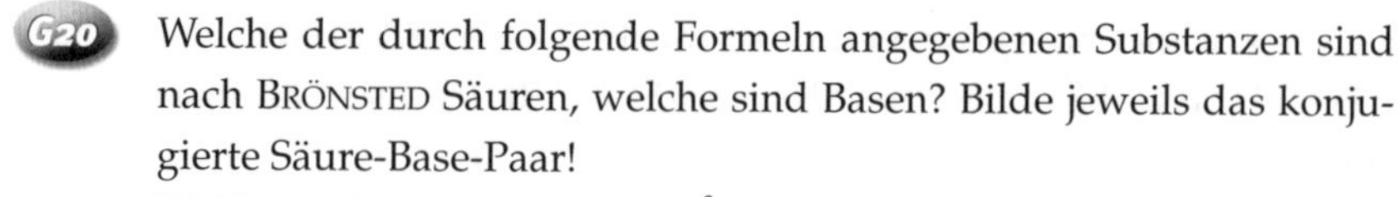

G20 Welche der durch folgende Formeln angegebenen Substanzen sind nach BRÖNSTED Säuren, welche sind Basen? Bilde jeweils das konjugierte Säure-Base-Paar!
HNO_3; H_2CO_3; Cl^-; HSO_4^-; CO_3^{2-}; $H_2PO_4^-$; $H_3O^+_{(aq)}$.
(Diese Aufgabe ist zum Knobeln; du schaffst sie aber sicher!)

G21 Wann ist eine Substanz eine starke Säure oder eine starke Base?

G22 Nenne je ein Beispiel für eine einprotonige, eine zweiprotonige und eine dreiprotonige Säure.

G23 Warum können sich bei der Reaktion von Schwefelsäure H_2SO_4 und Natronlauge NaOH verschiedene Salze bilden? Schreibe die Reaktionsgleichungen auf.

G24 Was versteht man unter einer 0,01-molaren Salzsäure?

G25 Wie viel Hydroxidionen sind in 1 l einer 0,001-molaren Natronlauge enthalten?

G26 Was ist zu tun, um aus 100 ml einer Schwefelsäure mit der Konzentration $c(H_2SO_4) = 1$ mol/l eine Schwefelsäure mit der Konzentration $c(H_2SO_4) = 0{,}1$ mol/l herzustellen?

G27 Wie viel festes Kaliumhydroxid KOH muss abgewogen werden, um daraus 100 ml einer 1-molaren Kalilauge herzustellen?

G28 Wie viel Gramm Calciumhydroxid $Ca(OH)_2$ braucht man, um daraus 0,5 l einer Calciumlauge herzustellen, die der Konzentrationsangabe $c(OH^-) = 1$ mol/l entspricht?

G29 Gib die Reaktionsgleichungen an für die Neutralisation von Kohlensäure mit Natronlauge.

G30 Wie viel Milliliter einer 1-molaren Natronlauge sind nötig, um eine wässerige Schwefelsäurelösung zu neutralisieren, die genau ein halbes Mol H_2SO_4 enthält?

G31 Phosphorsäure H_3PO_4 soll mit Calciumhydroxidlösung $Ca(OH)_2$ umgesetzt werden. Zeige anhand von Reaktionsgleichungen, welche Reaktionsprodukte entstehen können.
(Diese Aufgabe ist zum Knobeln; du schaffst sie aber sicher!)

G32 Wie viel Milliliter einer 0,1-molaren Natronlauge werden benötigt, um 4 ml einer Schwefelsäure mit der Konzentration $c(H_2SO_4) = 1$ mol/l zu neutralisieren?

G33 Bei der Neutralisation von 10 ml Natronlauge wurden 35 ml einer Salzsäure mit der Konzentration $c(HCl) = 0{,}1$ mol/l verbraucht. Welche Konzentration hatte die Natronlauge?

G34 10 ml verdünnte Schwefelsäure werden mit 22 ml einer 0,1-molaren Natronlauge neutralisiert. Wie viel Gramm H_2SO_4 waren in der Schwefelsäure enthalten?

3. Protolysegleichgewicht

Lässt man eine BRÖNSTED-Säure mit einer BRÖNSTED-Base reagieren, so kommt es zu einer Protolyse:

$$\underset{\text{Säure}}{HA} + \underset{\text{Base}}{B} \longrightarrow HB^+ + A^-$$

Die entstandenen Substanzen HB^+ und A^- sind ihrerseits aber auch wieder eine Säure (HB^+) und eine Base (A^-). Es kann also auch eine Rückreaktion erfolgen. Es ist deshalb sinnvoll, die Reaktionsgleichung auch mit einem Reaktionspfeil in Gegenrichtung zu schreiben.

$$\underset{\text{Säure}}{HA} + \underset{\text{Base}}{B} \rightleftarrows \underset{\text{Säure}}{HB^+} + \underset{\text{Base}}{A^-}$$

Hinreaktion – Rückreaktion

Die Reaktion von links nach rechts (Hinreaktion) steht in Konkurrenz zur Reaktion von rechts nach links (Rückreaktion). Es stellt sich ein Gleichgewicht ein. Das Gleichgewicht ist erreicht, wenn ebenso viele Teilchen der Ausgangsstoffe an der Hinreaktion teilnehmen, wie sich gleichzeitig durch die Rückreaktion wieder bilden. Sind die Ausgangsstoffe starke Säuren (Protonen werden leicht abgegeben) und starke Basen (Protonen werden leicht aufgenommen), so wird sich das Gleichgewicht so einstellen, dass nur noch wenig Ausgangsstoffe, dafür aber viel Reaktionsprodukte vorliegen. Das Gleichgewicht liegt also ganz auf der rechten Seite. Man kann dies durch verschieden lange Reaktionspfeile andeuten:

$$HA + B \;\overset{\longrightarrow}{\leftarrow}\; HB^+ + A^-$$

Bei schwachen Säuren und schwachen Basen als Ausgangsstoffe liegt das Gleichgewicht weitgehend links.

$$HA + B \;\overset{\rightarrow}{\longleftarrow}\; HB^+ + A^-$$

Bei der Reaktion von Ammoniak NH_3 mit Wasser H_2O wirken die Wassermoleküle als Säure (Protonenspender) und die Ammoniakmoleküle als Base (Protonenfänger).

$$H_2O + NH_3 \longrightarrow NH_4^+ + OH^-$$

Die entstandenen Ammoniumionen NH_4^+ können jedoch wieder Protonen an die Hydroxidionen OH^- abgeben. Es findet also zwischen der Säure NH_4^+ und der Base OH^- ebenfalls ein Protonenübergang statt. Die Reaktion ist also auch rückläufig und wird deswegen mit Doppelpfeil geschrieben.

$$H_2O \quad + \; NH_3 \xrightleftharpoons{H_2O} NH_{4\,(aq)}^{+} \quad + \; OH_{(aq)}^{-}$$

Löst man Ammoniak in Wasser auf, so stellt sich ein Gleichgewicht ein. Es bilden sich aus NH_3-Molekülen und H_2O-Molekülen Ammoniumionen und Hydroxidionen. Aus Ammoniumionen und Hydroxidionen bilden sich aber in der Rückreaktion wieder die Ausgangsstoffe Ammoniak und Wasser. In der Lösung liegen als konjugierte Säure-Base-Paare NH_3/NH_4^+ und H_2O/OH^- im Gleichgewicht vor.

Ein Beispiel für das Protolysegleichgewicht einer starken Säure und einer starken Base ist die Reaktion des hydratisierten Oxoniumions mit dem hydratisierten Hydroxidion.

$$H_3O_{(aq)}^{+} \quad + \; OH_{(aq)}^{-} \xrightleftharpoons{H_2O} H_2O \quad + \; H_2O$$

Das Gleichgewicht liegt fast ganz auf der rechten Seite.

Das Protolysegleichgewicht der schwachen Essigsäure (CH_3COOH) und der schwachen Base H_2O liegt weitgehend auf der linken Seite.

$$CH_3COOH \; + \; H_2O \xrightleftharpoons{H_2O} CH_3COO_{(aq)}^{-} \; + \; H_3O_{(aq)}^{+}$$

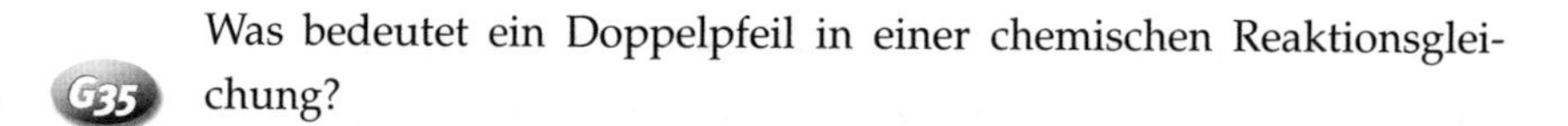

G35 Was bedeutet ein Doppelpfeil in einer chemischen Reaktionsgleichung?

G36 Formuliere das Protolysegleichgewicht von Chlorwasserstoff und Wasser.

G37 Kennzeichne und erkläre die konjugierten Säure-Base-Paare aus dem Protolysegleichgewicht:

$$H_3O_{(aq)}^{+} \; + \; OH_{(aq)}^{-} \xrightleftharpoons{H_2O} 2\,H_2O$$

(Diese Aufgabe ist zum Knobeln; du schaffst sie aber sicher auch!)

Luft und Wasser

1. Zusammensetzung der Luft

Ohne Luft ist kein Leben möglich. Wie du schon in Kapitel A gesehen hast, handelt es sich bei Luft um ein gasförmiges Gemisch. Sie setzt sich in trockenem Zustand zusammen aus:

Stickstoff:	78,09 Volumenanteil in Prozent (Vol.-%)
Sauerstoff:	20,95 Volumenanteil in Prozent (Vol.-%)
Edelgasen:	0,93 Volumenanteil in Prozent (Vol.-%)
Kohlenstoffdioxid:	0,03 Volumenanteil in Prozent (Vol.-%)

Der Sauerstoffgehalt der Luft kann durch einen einfachen Versuch recht genau ermittelt werden. 100 ml Luft werden in einem abgeschlossenen System mithilfe zweier Kolbenprober (*siehe Abbildung 32*) mehrmals über stark erhitztes Kupfer geleitet. Das Kupfer bindet den Sauerstoff. Nach dem Abkühlen bleiben von den ursprünglich 100 ml Luft noch etwas mehr als 79 ml übrig. In der Luft sind also fast 21 Vol.-% Sauerstoff enthalten.

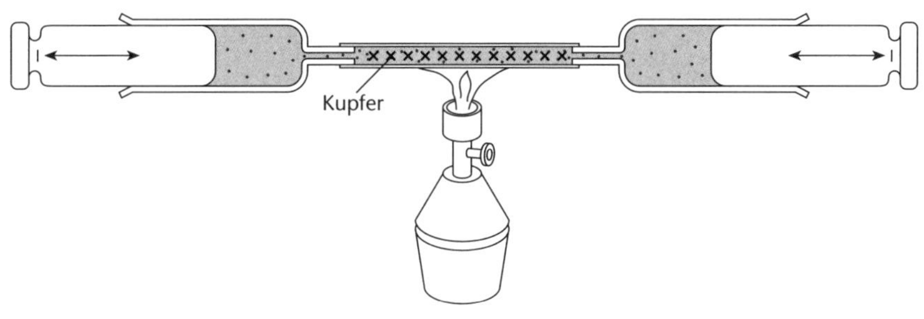

Abb. 32
Luftanalyse mit Kolbenprobern

2. Gewinnung der einzelnen Bestandteile der Luft

VON LINDE (1842–1934), deutscher Ingenieur

Um die Luft in ihre Einzelbestandteile zerlegen zu können, wird sie vorher verflüssigt. CARL VON LINDE schuf die technischen Voraussetzungen zur Luftverflüssigung. Nach dem Verfahren von LINDE wird unter gleichzeitiger Kühlung Luft stark zusammengepresst (200 bar oder 200 000 hPa) und anschließend wieder entspannt. Dieser Vorgang wird mehrmals wiederholt. Dabei kühlt sich die Luft so stark ab, dass sie schließlich bei etwa –190 °C flüssig wird.

DEWAR-Gefäß

Wegen ihrer unterschiedlichen Siedetemperaturen können die einzelnen Bestandteile aus der flüssigen Luft abgetrennt werden. Damit flüssige Luft nicht zu schnell verdampft, wird sie in besonderen doppelwandigen offenen Glasgefäßen (DEWAR-Gefäß) aufbewahrt. Der Raum zwischen den Doppelwandungen ist luftleer gepumpt und die Wandungen sind mit einer dünnen Silberschicht (Silberspiegel) überzogen. So erreicht man eine gute Wärmeisolation. Thermoskannen sind nach dem gleichen Prinzip gebaut.

Lässt man in einem DEWAR-Gefäß flüssige Luft stehen, so reichert sie sich immer mehr mit Sauerstoff an, weil der Stickstoff (Siedetemperatur –196 °C) eher verdampft als der Sauerstoff (Siedetemperatur –183 °C). „Abgestandene" flüssige Luft ist also sehr sauerstoffreich. Zusammen mit brennbaren Stoffen besteht Feuergefahr.

3. Bestandteile der Luft und ihre Bedeutung

3.1 Stickstoff (N_2)

Stickstoff hat die Eigenschaft, dass er eine Flamme erstickt (daher der Name!). Stickstoff ist ein wichtiger Ausgangsstoff für die Herstellung von Ammoniak, Salpetersäure und Düngemitteln.

3.2 Sauerstoff (O_2)

Sauerstoff hält eine Flamme am Brennen. Er ist unerlässlich bei der Atmung. Sauerstoff wird von den Pflanzen mithilfe des Chlorophylls (Blattgrün) und Sonnenenergie aus dem CO_2 der Luft gebildet.

Glimmspanprobe

Sauerstoff kann durch die **Glimmspanprobe** nachgewiesen werden. Dabei wird ein Glaszylinder oder ein Reagenzglas mit dem zu prüfenden Gas gefüllt. Man entzündet einen Holzspan, lässt ihn einige Sekunden brennen und bläst die Flamme dann wieder aus. Den noch glimmenden Span taucht man in das Gefäß mit dem Gas. Flammt der glimmende Span spontan auf, dann liegt Sauerstoff vor.

Ozon

In hohen Schichten der Atmosphäre bildet sich unter Einwirkung energiereicher ultravioletter Sonnenbestrahlung aus O_2 das O_3 (Ozon). Dabei werden durch Lichtenergie Sauerstoffmoleküle (O_2) aufgespalten. Die so entstehenden Sauerstoffatome können sich mit Sauerstoffmolekülen zu dreiatomigen Molekülen (O_3) verbinden:

$$O_2 \xrightarrow{UV} 2\,O; \quad +\Delta H$$

$$O_2 + O \longrightarrow O_3; \quad -\Delta H$$

Ozonschicht

In der Stratosphäre (in ca. 25 km Höhe) befindet sich eine Ozonschicht. Durch diese Ozonschicht wird ein Großteil des kurzwelligen, energiereichen Sonnenlichtes (UV-Strahlung) zurückgehalten. Auf diese Weise erreichen nur noch wenig UV-Strahlen die Erdoberfläche. Eine zu hohe Intensität an UV-Strahlen würde das Leben auf der Erde bedrohen oder gar unmöglich machen.

Die schützende Ozonschicht in der Stratosphäre ist stark gefährdet. Fluorchlorkohlenwasserstoffe (FCKW), die in einigen Ländern noch als Treibgas in Spraydosen und Kunststoffschäumen sowie als Kühlmittel in Kühlschränken und als Spezialfeuerlöschmittel Verwendung finden, sind für die Ausdünnung der Ozonschicht mitverantwortlich. FCKW sind sehr stabile, langlebige Verbindungen. Sie überstehen den Jahre dauernden Weg in die Stratosphäre unbeschadet. Dort werden FCKW-Moleküle durch energiereiche Strahlung gespalten, wobei sogenannte Radikale entstehen. Radikale besitzen ein ungepaartes Elektron und sind deshalb äußerst reaktionsfähig.

$$CCl_2F_2 \xrightarrow{UV} Cl\cdot + \cdot CClF_2$$

Die Chlorradikale (Chloratome) reagieren mit dem Ozon und bewirken so die allmähliche Zerstörung der Ozonschicht.

$$O_3 + Cl \rightarrow O_2 + ClO$$

„Ozonloch"

Besonders über dem Südpol (Antarktis), aber auch über dem Nordpol (Arktis) nimmt in jedem Frühjahr der Ozongehalt in der Stratosphäre stark ab. Wegen dieser Ausdünnung der Ozonschicht (bildhaft „Ozonloch" genannt) kann die gefährliche UV-Strahlung bis zur Erdoberfläche gelangen und dort Pflanzen, Tiere und Menschen schädigen. In der Zwischenzeit wurde die Verwendung von FCKW in vielen Ländern stark eingeschränkt oder ganz verboten.

In den erdnahen Luftschichten war früher der Ozongehalt sehr niedrig (weniger als 10^{-6} Vol.-%). Dies hat sich mit der zunehmenden Industrialisierung jedoch grundlegend geändert. Vor allem durch den Einfluss von Stickstoffoxiden in den Abgasen der Verkehrsmittel entsteht bei starker Sonneneinstrahlung Ozon:

$$NO_2 \xrightarrow{UV} NO + O$$

$$O + O_2 \longrightarrow O_3$$

Ozon ist ein giftiges, sehr reaktionsfähiges (aggressives) Gas. Seinen charakteristischen Geruch kann man bei elektrischen Entladungen (zum Beispiel bei Blitzschlägen) wahrnehmen. Ozon reizt Atemwege und Augen.

Smog aus engl. smoke (Rauch) und engl. fog (Nebel)

Vor allem in der heißen Jahreszeit bildet sich über Großstädten eine Dunstglocke. Man spricht dann von **Smog**. Wegen der Mitwirkung des Sonnenlichts bezeichnet man diese Erscheinung als **fotochemischen Smog**. Smog, der auf diese Art über Verkehrsballungszentren entsteht, wird auch „Los-Angeles-Smog" genannt. Abgaskonzentrationen, Sonneneinstrahlung und damit die Ozonwerte sind in den unteren Luftschichten über dieser kalifornischen Millionenstadt besonders groß.

3.3 Edelgase

Sie bilden eine Elementfamilie (VIII. Hauptgruppe im PSE: He, Ne, Ar, Kr, Xe, Rn), sind äußerst reaktionsträge und kommen nur atomar vor. Das weitaus häufigste Edelgas ist Argon (mehr als 0,9 Vol.-% in der Luft). Die übrigen Edelgase kommen in der Luft nur in Spuren vor (insgesamt 0,0022 Vol.-%).

Edelgase werden als Füllgase für Leuchtstoffröhren (He, Ne) und Glühlampen (Ar, Kr, Xe) gebraucht. Helium, nach Wasserstoff das leichteste aller Gase, findet als feuersicheres Gas zur Füllung von Ballonen und Luftschiffen Verwendung.

3.4 Kohlenstoffdioxid (CO_2)

Dieses Gas lässt sich bei 20 °C durch einen Druck von etwa 57 bar (entspricht 57 000 hPa) verflüssigen. Bei etwa –80 °C wird CO_2 fest. Festes Kohlenstoffdioxid kommt als Trockeneis für Kühlzwecke in den Handel. Der geringe Kohlenstoffdioxidgehalt der Luft von 0,03 Vol.-% ist für die Existenz der Pflanzen unerlässlich. Sie bilden mithilfe des Blattgrüns und unter der Einwirkung von Lichtenergie aus Kohlenstoffdioxid und Wasser Kohlenhydrate (zum Beispiel Zucker). Diesen Vorgang bezeichnet man als **Fotosynthese**.

Fotosynthese

Grüne Pflanzen synthetisieren aus Kohlenstoffdioxid und Wasser Kohlenhydrate (zum Beispiel Traubenzucker $C_6H_{12}O_6$) unter Abspaltung von Sauerstoff. Die Energie für diesen endothermen Prozess liefert das Sonnenlicht.

$$6\,CO_2 + 6\,H_2O \xrightarrow[\text{Blattgrün}]{\text{Licht}} C_6H_{12}O_6 + 6\,O_2; \qquad +\Delta H$$

Der Kohlenstoffdioxidgehalt der Luft spielt außerdem eine wichtige Rolle beim Wärmehaushalt der Erde. Kohlenstoffdioxid absorbiert gut Infrarotstrahlen (Wärmestrahlen). Es hält quasi die Wärme fest. Einen ähnlichen Effekt verursacht auch der Wasserdampf in der Atmosphäre.

Treibhauseffekt

Dadurch wird die Wärmeabstrahlung der Erdoberfläche in den Weltraum weitgehend verhindert, die Wärme bleibt in der Atmosphäre. Man spricht hier vom natürlichen **Treibhauseffekt**, weil die Wärme ähnlich wie unter dem Glasdach eines Gewächshauses (Treibhaus) festgehalten wird. Erst durch diesen natürlichen Treibhauseffekt konnte sich das Leben auf dem Planeten Erde zu seiner heutigen Form entwickeln. Ohne diese Wärmespeicherung läge die Durchschnittstemperatur in den unteren Schichten der Erdatmosphäre um ca. 30 °C niedriger. Unsere Erde wäre mit einem lebensfeindlichen Eispanzer überzogen.

Treibhausgase

Die Temperatur der Erdatmosphäre steigt jedoch langsam immer mehr an. Man bringt diese Tatsache mit der höheren Abgabe von wärmespeichernden Gasen in der Luft in Beziehung. Man nennt diese Gase deshalb auch Treibhausgase. Neben Wasserdampf zählen vor allem Kohlenstoffdioxid, Methan, Fluorchlorkohlenwasserstoffe, Ozon und Distickstoffdioxid zu den Treibhausgasen. Große Mengen von Kohlenstoffdioxid werden in der Industrie und beim Kraftfahrzeugverkehr erzeugt. Methan entsteht durch biologische Prozesse in Mülldeponien sowie beim Verdauungsvorgang in den Mägen von Wiederkäuern.

Um diesen, vom Menschen verursachten, Treibhauseffekt einzudämmen, muss weltweit energisch dafür gesorgt werden, dass das unkontrollierte Einblasen (Emission) von Kohlenstoffdioxid, Methan und anderen Treibhausgasen in die Atmosphäre gesenkt wird.

Die Mehrzahl der Wissenschaftler, die sich mit der Atmosphäre beschäftigen, ist davon überzeugt, dass die Anreicherung von Kohlenstoffdioxid und anderen wärmeabsorbierenden Gasen in der Atmosphäre zu einer Änderung des Klimas auf unserm Planeten führt. Viele dieser Wissenschaftler weisen jedoch auch darauf hin, dass die Faktoren, die unser Klima beeinflussen, komplex und noch nicht vollständig erforscht sind.

Aufgaben

Ho1 Nenne die Zusammensetzung der Luft. Wie lautet die chemische Schreibweise ihrer Bestandteile?

Ho2 Beschreibe einen Versuch, der es erlaubt, den Sauerstoffanteil der Luft quantitativ zu ermitteln.

Ho3 Wie kann man aus Luft Stickstoff und Sauerstoff gewinnen?

Ho4 Was geschieht, wenn eine brennende Kerze in ein Gefäß mit Stickstoff getaucht wird?

Ho5 Warum nimmt der Sauerstoffgehalt in der Luft nicht ab, obwohl durch Verbrennungsvorgänge täglich ungeheure Mengen Sauerstoff verbraucht werden?

Ho6 Welche Probleme treten auf, wenn man flüssige Luft längere Zeit (einige Stunden) aufbewahren will? Beschreibe Aufbau und Funktion eines Gefäßes zur Aufbewahrung flüssiger Luft.

H07 Was ist Ozon?

H08 Zu starke UV-Strahlung ist schädlich für das Leben auf der Erde. Ein hoher Anteil der Sonnenstrahlen besteht aus UV-Licht. Warum ist trotzdem hoch entwickeltes Leben auf der Erde möglich?

H09 Was versteht man unter dem Ozonloch?

H10 Warum bezeichnet man die Edelgase als Elementfamilie? Beantworte die Frage unter Zuhilfenahme des PSE.

H11 Was versteht man unter dem Treibhauseffekt?

H12 Was ist Los-Angeles-Smog?

H13 Was geschieht bei der Fotosynthese? Stelle die Reaktionsgleichung auf.

H14 Warum ist es notwendig, dass der Kohlenstoffdioxidgehalt der Luft konstant bleibt?

4. Zusammensetzung des Wassers

Wasser kommt in riesigen Mengen in der Natur vor. Es tritt in allen drei Aggregatzuständen auf. Etwa drei Viertel der Erdoberfläche sind mit Wasser bedeckt. Wasser ist für das pflanzliche und tierische Leben unentbehrlich. Im Organismus dient Wasser als Lösungsmittel zum Transport lebenswichtiger Stoffe. Im menschlichen Körper sind etwa 60 % Wasser enthalten.
Wasser ist eine chemische Verbindung aus den Elementen Wasserstoff und Sauerstoff, die sich in einer stark exothermen Reaktion zu Wasser verbinden.

$$2\,H_2 + O_2 \rightarrow 2\,H_2O; \qquad \Delta H = -2 \cdot 286{,}24\ \text{kJ}$$

5. Anomalie des Wassers

Abhängigkeit der Dichte von der Temperatur

Im Gegensatz zu fast allen anderen Stoffen zeigt Wasser ein unregelmäßiges Verhalten seiner Dichte bei Temperaturveränderungen. Wasser hat bei 4 °C seine größte Dichte (1000 g/cm^3). Sowohl beim Erwärmen als auch beim Abkühlen von Wasser von 4 °C nimmt dessen Dichte ab. Besonders groß ist die Dichteabnahme des Wassers beim Gefrieren, also beim Übergang vom flüssigen in den festen Zustand. Wasser dehnt sich beim Gefrieren um $\frac{1}{11}$ seines Volumens aus. Es nimmt also im gefrorenen Zustand mehr Raum ein als im flüssigen.

Wasserstoffbrückenbindungen

Diese Besonderheit (Anomalie) des Wassers hat ihre Ursache in der Ausbildung von **Wasserstoffbrückenbindungen** zwischen den einzelnen Wassermolekülen. Dabei treten Wasserstoffatome mit positiver Teilladung mit freien Elektronenpaaren eines Nachbarmoleküls in Wechselwirkung und bilden eine Bindung aus.

Wasserstoffbrückenbindungen treten nur an den sehr stark elektronegativen Elementen Fluor, Sauerstoff und Stickstoff auf. Wassermoleküle sind besonders befähigt, Wasserstoffbrückenbindungen auszubilden. Jedes Wassermolekül besitzt 2 Wasserstoffatome mit positiver Teilladung und am Sauerstoff 2 freie Elektronenpaare mit negativer Teilladung. An jedem Wassermolekül können sich also bis zu 4 Wasserstoffbrückenbindungen ausbilden.

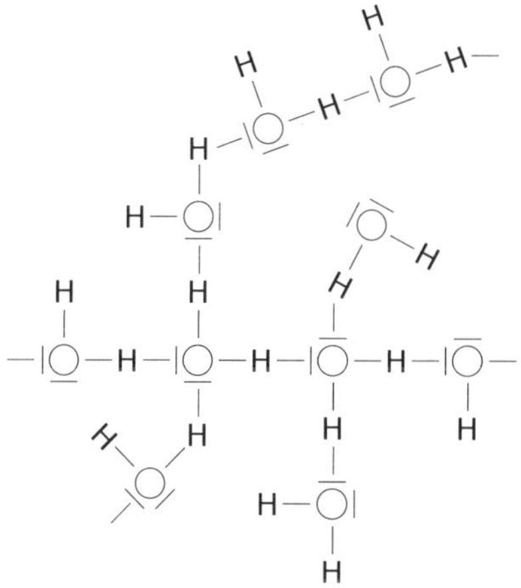

Abb. 33
Modell von Wasserstoffbrückenbindungen

Beim Gefrieren ordnen sich die Wassermoleküle in einem Molekülgitter, dessen Bindungskräfte in erster Linie aus Wasserstoffbrückenbindungen bestehen. In diesem Molekülgitter sind zahlreiche Hohlräume vorhanden. Auf diese Art geordnete Wassermoleküle nehmen mehr Raum ein als die nur teilweise geordneten Moleküle im flüssigen Wasser.

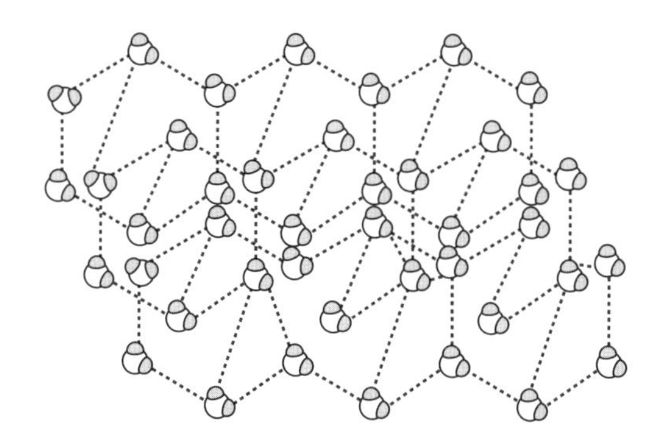

Wassermolekül .... Wasserstoffbrücken

Abb. 34
Molekülgitter von Eis

Beim Schmelzen des Eises zerbricht das Molekülgitter, wobei **Assoziate** übrig bleiben, die aus durchschnittlich 112 tetraedrisch geordneten Wassermolekülen bestehen.

Assoziate sind zusammenhängende Moleküle.

Diese Molekülassoziate können sich dichter zusammenlagern als die Wassermoleküle im Eiskristall. Flüssiges Wasser von 0 °C hat deswegen eine größere Dichte als Eis von 0 °C. Erwärmt man 0 °C kaltes Wasser, so brechen die Molekülassoziate allmählich auseinander, wobei die „Bruchstücke" mit steigender Temperatur aus immer weniger tetraedrisch angeordneten Wassermolekülen bestehen. Die kleineren Assoziate können sich dichter zusammenlagern als die größeren. Die Dichte des Wassers nimmt also zunächst zu. Bei 4 °C wird dieser Effekt durch die beim Erwärmen zunehmende Eigenbewegung der Wassermoleküle ausgeglichen. Bei Temperaturen über 4 °C nimmt die Dichte des Wassers durch den jetzt überwiegenden Effekt der stärkeren Molekularbewegung immer mehr ab.

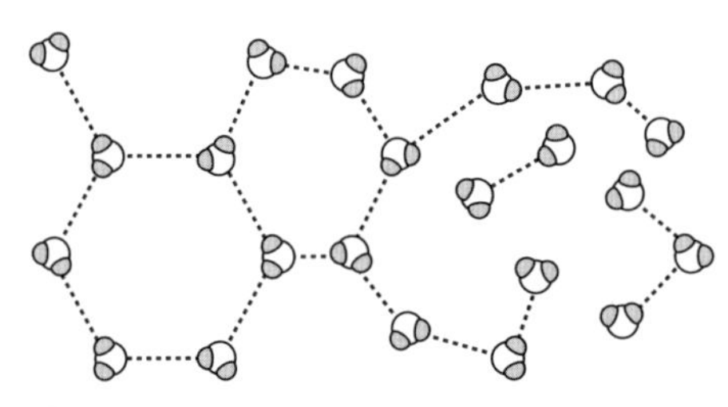

Abb. 35
Assoziate des Wassers von 0 °C bis 4 °C.
Flüssiges Wasser von 0 °C ist nur noch teilweise geordnet. Die Hohlräume des Eisgitters sind weitgehend verschwunden. Die Wassermoleküle sind dichter zusammengelagert.

Bedeutung der Dichteschwankung

Die Dichteschwankung beim Wasser ist von großer Bedeutung in der Natur. Stehende Gewässer kühlen sich im Winter zunächst bis 4 °C ab. Bei noch stärkerer Abkühlung bleibt das kältere, aber weniger dichte Wasser an der Oberfläche, wo es bei 0 °C zu Eis erstarrt. Das Eis schwimmt auf dem Wasser. Unter der Eisschicht kann das tierische und pflanzliche Leben fortbestehen. Die starke Ausdehnung des Wassers beim Gefrieren spielt eine entscheidende Rolle bei der Verwitterung von Gesteinen.

6. Wasser als Lösungsmittel

6.1 Lösung fester Substanzen

Wasser ist ein ausgezeichnetes Lösungsmittel für viele Substanzen. Die kleinsten Teilchen fester Stoffe bilden einen Gitterverband (Ionengitter, Molekülgitter). Beim Lösungsvorgang werden diese kleinsten Teilchen (Ionen, Moleküle) aus dem Gitterverband abgetrennt. Dazu ist Energie nötig.

Diese Energie wird dem Wasser in Form von Wärme entzogen. Trotzdem tritt beim Lösen von Substanzen nicht immer eine Abkühlung des Wassers ein, manchmal ist sogar erhebliche Erwärmung feststellbar. Dies zeigt, dass zwischen dem Lösungsmittel Wasser und dem gelösten Teilchen Vorgänge stattfinden müssen, die Energie liefern.

Hydratation

In Wasser lösen sich vor allem Feststoffe, deren Gitter durch hohe elektrostatische Kräfte zusammengehalten werden (Ionenanziehung in Ionengittern; Wasserstoffbrücken in Gittern aus polaren Molekülen). Die aus dem Gitterverband abgetrennten geladenen Teilchen üben Anziehungskräfte auf die entgegengesetzt geladene Seite der Wasserdipole aus. Die Wassermoleküle nähern sich den geladenen Teilchen (meist sind es Ionen) und hüllen diese ein. Dabei wird Energie frei. Diesen Vorgang nennt man **Hydratation**. Die dabei frei werdende Energie nennt man **Hydratationsenergie**.

Bei der Auflösung fester Stoffe in Wasser laufen also zwei Vorgänge nebeneinander ab:

a) der endotherme (Energie verbrauchende) Gitterabbau

b) die exotherme (Energie liefernde) Hydratation

Erfordert der Gitterabbau mehr Energie, als bei der Hydratation frei wird, so kühlt sich das Lösungsmittel Wasser beim Lösungsvorgang ab, denn die nötige Energiedifferenz wird dem Lösungsmittel in Form von Wärme entzogen. Ist die Hydratationsenergie größer als die beim Gitterabbau nötige Energie, so wird die Differenzenergie in Form von Wärme frei. Das Lösungsmittel erwärmt sich beim Lösungsvorgang.

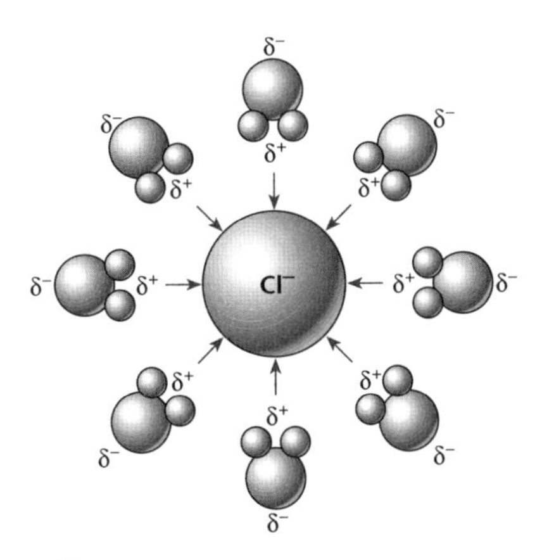

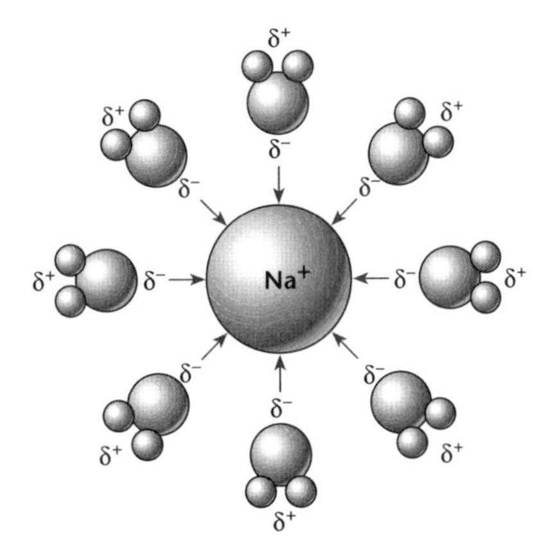

Abb. 36

Hydratation eines negativ geladenen Ions, hier zum Beispiel des Chloridions

Hydratation eines positiv geladenen Ions, hier zum Beispiel des Natriumions

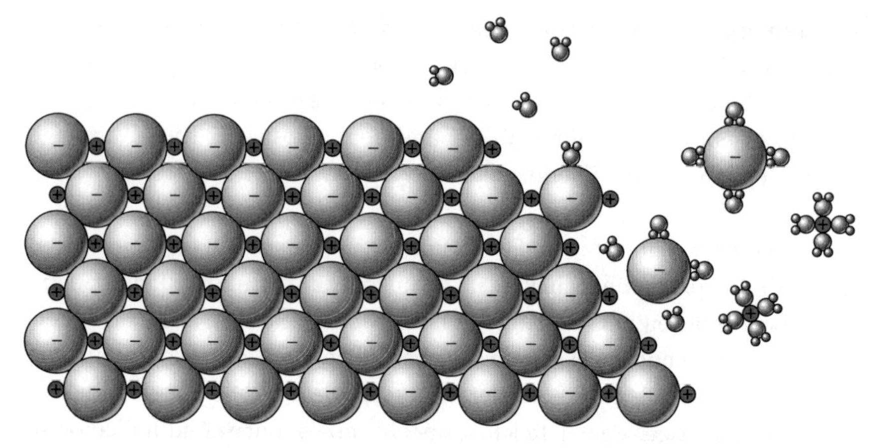

Abb. 37
An den Kanten und Ecken eines Ionenkristalls können die Wasserdipole besonders leicht angreifen. Ein Ion nach dem anderen wird herausgelöst und von Wasserdipolen eingehüllt.

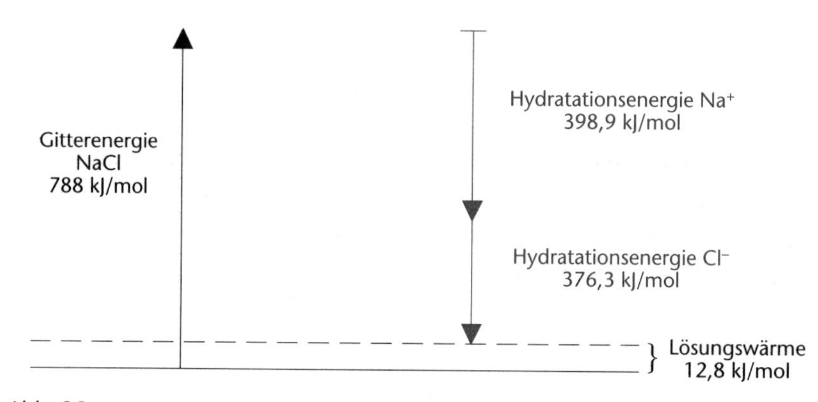

Abb. 38
Energiebilanz bei der Lösung von Kochsalz

gesättigte Lösung

Feste Stoffe lösen sich in Wasser unterschiedlich stark. Manche Stoffe sind in Wasser fast unlöslich, manche mäßig löslich und manche gut löslich. Eine Lösung, in der sich nichts mehr löst, wird als **gesättigte Lösung** bezeichnet. Gibt man weitere Substanz zu, so setzt sich diese als fester Stoff (Bodenkörper) im Gefäß ab.
Die Löslichkeit ist von der Temperatur des Wassers (ganz allgemein des Lösungsmittels) abhängig. In den meisten Fällen nimmt die Löslichkeit fester Stoffe mit steigender Temperatur des Lösungsmittels zu. Die Löslichkeit eines Stoffes wird in Gramm pro 100 g Lösungsmittel angegeben.

Kaltes Wasser ist meist schneller gesättigt als warmes.

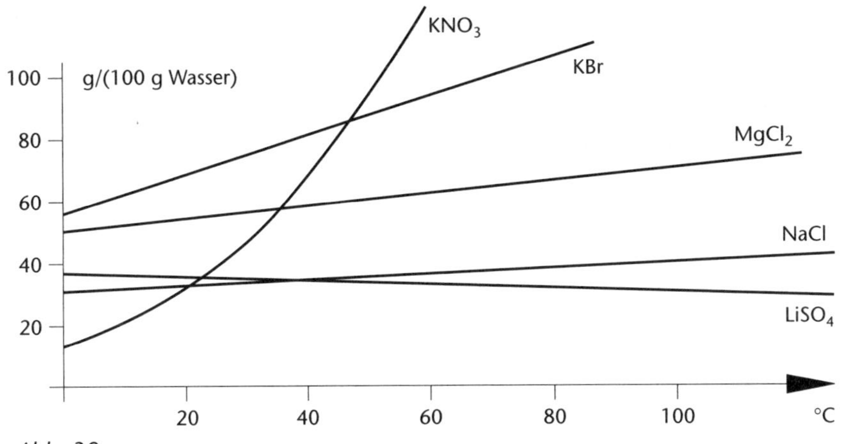

Abb. 39
Die Kurven zeigen die Löslichkeit einiger Stoffe in Wasser bei verschiedenen Temperaturen.

Die Tabelle zeigt die Wasserlöslichkeit einiger Stoffe (in Gramm für je 100 g Wasser bei verschiedenen Temperaturen):

Substanz	0 °C	20 °C	40 °C	60 °C	80 °C	100 °C
Kaliumbromid (KBr)	54,0	65,9	76,1	85,9	95,3	104,9
Kaliumnitrat (KNO_3)	13,3	31,7	63,9	109,9	169,0	245,2
Lithiumsulfat (Li_2SO_4)	36,2	34,8	33,5	32,3	31,5	31,0
Magnesiumchlorid ($MgCl_2$)	52,8	54,6	57,5	60,7	65,9	72,7
Natriumchlorid (NaCl)	35,6	35,9	36,4	37,1	38,1	39,2

6.2 Lösung von Gasen

Absorption

absorbieren = aufsaugen

Die Lösung von Gasen in einer Flüssigkeit nennt man **Absorption**. Die Absorption von Gasen in Wasser ist druck- und temperaturabhängig. Steigender Druck erhöht die Absorption eines Gases in Wasser, bei steigender Temperatur nimmt sie ab.

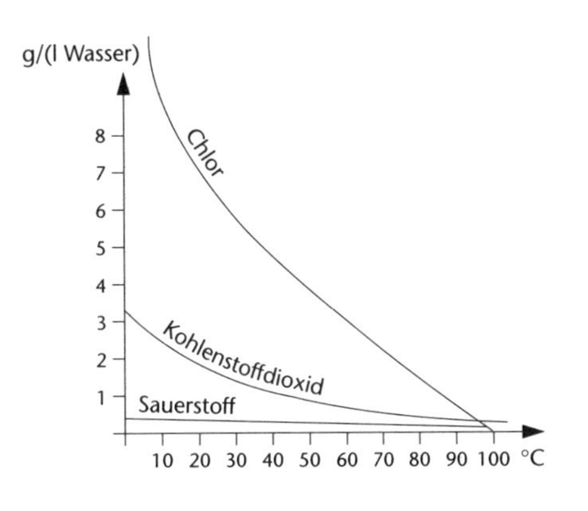

Abb. 40
Wasserlöslichkeit einiger Gase in Abhängigkeit von der Temperatur bei Normaldruck

6.3 Lösung von Flüssigkeiten

Die Löslichkeit von Flüssigkeiten in Wasser ist ebenfalls unterschiedlich. Manche Flüssigkeiten mischen sich in jedem Verhältnis mit Wasser, wie z. B. Ethylalkohol (Ethanol, Weingeist), manche lösen sich nur bis zur Sättigung. Trichlormethan (Chloroform) z. B. löst sich nur mäßig in Wasser (0,82 g pro 100 g Wasser).

Einige Flüssigkeiten lösen sich in Wasser mit Wärmeentwicklung: Konzentrierte Schwefelsäure löst sich unter so großer Wärmeentwicklung in Wasser, dass sogar Überhitzungsgefahr (gefährliche Verspritzungen!) besteht.

6.4 Trinkwasser, Reinhaltung des Wassers

Trinkwasser muss klar, farblos und kühl sein. Es darf keine Krankheitserreger und gesundheitsschädigende Stoffe enthalten. Im Trinkwasser dürfen nicht zu viele Salze gelöst sein. Außerdem darf es die Wasserleitungen nicht angreifen (Korrosion). In den Wasserwerken wird das Trinkwasser sorgfältig aufbereitet. Die Kosten dafür steigen mit zunehmendem Wasserverbrauch immer mehr an. Derzeit liegt der tägliche Wasserverbrauch in Deutschland bei ca. 130 Liter pro Person. Trinkwasser wird bei uns vorwiegend aus Grundwasser gewonnen. Um dieses nicht zu verschmutzen, müssen vor allem die Oberflächengewässer sauber gehalten werden. Bevor die übel riechenden und mit Schadstoffen belasteten Abwässer in die Umwelt geleitet werden dürfen, müssen sie in aufwendigen Kläranlagen gereinigt werden.

Grundwasser zur Trinkwassergewinnung steht nicht überall in unbegrenzter Menge zur Verfügung. Um die Wasserversorgung nicht zu gefährden, muss deshalb am Verbrauch von Trinkwasser gespart werden. Ein Umdenken in unseren Verhaltensgewohnheiten ist dringend nötig. Muss z. B. für Toilettenspülungen wertvolles, teuer aufbereitetes Trinkwasser verbraucht werden? Man sollte z. B. auch darüber nachdenken, dass gesammeltes Regenwasser nicht nur zum Gießen, sondern auch für viele Waschvorgänge (weiches Wasser!) nützlich sein kann. Wenn du deine Gewohnheiten beim Umgang mit Wasser kritisch überprüfst, dann wirst du bestimmt Möglichkeiten erkennen, die zum Sparen von Trinkwasser beitragen können.

Was versteht man unter der Anomalie des Wassers?

Welche Rolle spielen Wasserstoffbrücken bei der Anomalie des Wassers?

Warum kommt es im Winter manchmal bei Wasserleitungen zu Rohrbrüchen?

Warum gefrieren auch in kalten Wintern tiefere Gewässer selten bis auf den Grund?

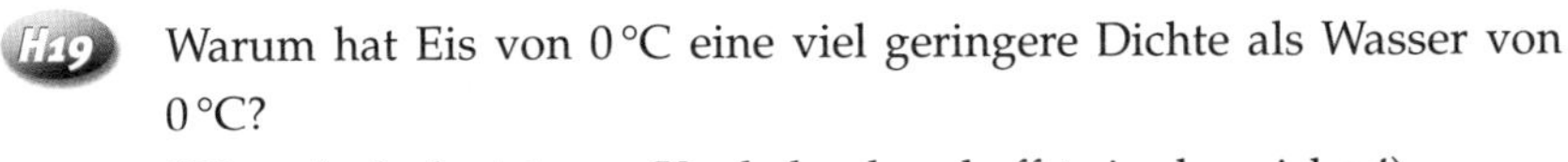

H19 Warum hat Eis von 0 °C eine viel geringere Dichte als Wasser von 0 °C?
(Diese Aufgabe ist zum Knobeln; du schaffst sie aber sicher!)

H20 Beschreibe das Verhalten des Wassers in einem See, wenn die Lufttemperatur über einen längeren Zeitraum allmählich von +5 °C auf –5 °C sinkt.

H21 Wenn man auf die Eisfläche eines zugefrorenen Sees einen Stein legt, so wandert dieser allmählich durch das Eis hindurch und fällt in das darunter befindliche Wasser, ohne im Eis ein Loch zu hinterlassen. Hast du dafür eine Erklärung?

H22 Warum kann man auf einer Eisfläche Schlittschuh laufen, auf einer Glasfläche jedoch nicht?

H23 Warum nimmt die Dichte des Wassers zu, wenn man es von 1 °C auf 4 °C erwärmt? Warum nimmt bei weiterem Erwärmen die Dichte des Wassers ab?

H24 Welche Stoffe lösen sich besonders gut in Wasser?

H25 Was ist eine gesättigte Lösung?

H26 Was versteht man unter Hydratation?

H27 Welche Bedeutung hat die Hydratationsenergie beim Auflösen von Ionenkristallen?

H28 Warum sprudelt kohlenstoffdioxidhaltiges Mineralwasser, wenn man den Flaschenverschluss öffnet?

H29 Wenn man kaltes Leitungswasser in einem Glasgefäß erhitzt, so bilden sich bei zunehmender Erwärmung innen an den Glaswänden viele kleine Gasbläschen. Wie ist das zu erklären?

H30 Was muss beachtet werden, wenn konzentrierte Schwefelsäure mit Wasser verdünnt werden soll?

H31 Welche Probleme treten auf, wenn Wasser in seine Elemente zerlegt werden soll?
(Diese Aufgabe ist zum Knobeln; du schaffst sie aber sicher!)

H32 Beim Lösen von 1 mol Kochsalz in Wasser wird eine Energie von nur 12,8 kJ benötigt, obwohl bei der Bildung des Ionengitters von 1 mol Kochsalz aus Chlorid- und Natriumionen 788 kJ frei werden. Wie ist das zu erklären?

7. Dissoziation des Wassers

Wasser ist in geringem Maß in Ionen aufgespalten (dissoziiert). Eine bestimmte Anzahl von Wasserstoffmolekülen gibt ein Proton ab. Dabei entsteht ein negativ geladenes Hydroxidion. Das abgegebene Proton lagert sich an ein freies Elektronenpaar eines anderen Wassermoleküls an. Es bildet sich ein Oxoniumion.

$$H_2O + H_2O \rightleftarrows \underset{\text{Oxoniumion}}{H_3O^+} + \underset{\text{Hydroxidion}}{OH^-}$$

Das Oxoniumion wird von Wasserdipolen eingehüllt (Hydratation). Dabei entsteht hauptsächlich $[H_9O_4]^+$. Man schreibt auch $H_3O^+_{(aq)}$.

Die Anzahl der Hydroxidionen und die Anzahl der Oxoniumionen ist in reinem Wasser gleich. Man kann also sagen: In einer bestimmten Menge reinem Wasser sind die Konzentration der Hydroxidionen und die Konzentration der Oxoniumionen genau gleich groß.

Für reines Wasser bei 22 °C gilt:

$$c\,(OH^-) = c\,(H_3O^+) = 10^{-7}\ \text{mol/l}.$$

In 1 l reinem Wasser ist also eine gleich große, genau definierte Anzahl von OH^-- und H_3O^+-Ionen vorhanden. Bei Wasser mit einer Temperatur von 22 °C entspricht diese Anzahl genau dem zehnmillionsten Teil eines Mols. 1 mol sind $6{,}022 \cdot 10^{23}$ Teilchen. Der zehnmillionste Teil davon sind also $6{,}022 \cdot 10^{23} \cdot 10^{-7} = 6{,}022 \cdot 10^{16}$ Teilchen. In 1 l Wasser sind demnach $6{,}022 \cdot 10^{16}$ OH^--Ionen und die gleiche Anzahl H_3O^+-Ionen enthalten.

Das Produkt aus der Konzentration von Hydroxidionen und Oxoniumionen ist in verdünnten wässerigen Lösungen bei einer bestimmten Temperatur immer gleich groß (= konstant). Bei 22 °C beträgt dieser Wert genau $10^{-14}\ \text{mol}^2/\text{l}^2$. Es gilt also:

$$c\,(OH^-) \cdot c\,(H_3O^+) = 10^{-14}\ \text{mol}^2/\text{l}^2$$

Ionenprodukt des Wassers

Diese Beziehung bezeichnet man als **Ionenprodukt des Wassers**. Erhöht man in einer wässerigen Lösung die Konzentration eines dieser beiden Ionen, so muss die Konzentration der anderen Ionenart geringer werden, und zwar um genau so viel, dass das Produkt aus der Konzentration beider Ionenarten genau $10^{-14}\ \text{mol}^2/\text{l}^2$ beträgt.

Gibt man in reines Wasser eine Säure, so erhöht sich die Konzentration der H_3O^+-Ionen. Angenommen, man gibt zu Wasser genau 1 mol Salzsäure und füllt mit Wasser genau auf 1 l auf, so kann man sagen, dass die Konzentration der H_3O^+-Ionen in dieser Lösung 1 mol/l beträgt. $c\,(H_3O^+)$ hat also hier den Wert 1 mol/l. Die Konzentration der OH^--Ionen kann leicht errechnet werden:

$$c\,(OH^-) \cdot 1\ \text{mol/l} = 10^{-14}\ \text{mol}^2/\text{l}^2$$
$$c\,(OH^-) = 10^{-14}\ \text{mol/l}$$

In 1 l Säure, die genau 1 mol H_3O^+-Ionen enthält, sind also nur noch 10^{-14} mol OH^--Ionen enthalten.

Kennt man die Konzentration einer der beiden Ionenarten, so lässt sich mithilfe des Ionenproduktes des Wassers leicht die Konzentration der anderen Ionenart errechnen. Ist die Konzentration der H_3O^+-Ionen größer als die der OH^--Ionen, so liegt eine saure Lösung vor. Bei gleich großer Konzentration beider Ionenarten hat man eine neutrale Lösung. Überwiegt die Konzentration der OH^--Ionen, so ist die Lösung basisch.

Ob eine Lösung stark sauer, schwach sauer, neutral, schwach basisch oder stark basisch ist, lässt sich ganz einfach durch die Angabe der Konzentration der H_3O^+-Ionen angeben:

Ist der Wert für die Konzentration der H_3O^+-Ionen größer als 10^{-7} mol/l, so liegt eine **saure** Lösung vor. Bei einer Konzentration von genau 10^{-7} mol/l ist die Lösung **neutral** und bei wässerigen Lösungen, die weniger als 10^{-7} mol/l Oxoniumionen enthalten, handelt es sich um **basische** Lösungen.

Die Beziehung $c\,(OH^-) \cdot (H_3O^+) = 10^{-14}\ \text{mol}^2/\text{l}^2$ gilt nur bei verdünnten wässerigen Lösungen. Bei Konzentrationen von mehr als 1 mol Hydroxid- oder Oxoniumionen pro Liter wird die Berechnung ungenau. Man wird also nur mit Konzentrationen rechnen, die 1 mol pro Liter oder weniger Oxoniumionen bzw. Hydroxidionen enthalten.

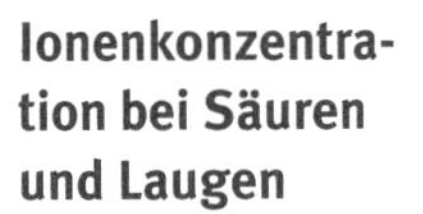

Ionenkonzentration bei Säuren und Laugen

Aus folgender Tabelle ergibt sich die H_3O^+- und die OH^--Ionenkonzentration bei Säuren und Laugen verschiedener Konzentration:

$c\,(H_3O^+)$ in $\frac{mol}{l}$	$10^0 = 1$	10^{-1}	10^{-2}	10^{-3}	10^{-14}	10^{-13}	10^{-12}	10^{-11}
$c\,(OH^-)$ in $\frac{mol}{l}$	10^{-14}	10^{-13}	10^{-12}	10^{-11}	$10^0 = 1$	10^{-1}	10^{-2}	10^{-3}

Diese Werte gelten nur für Säuren und Laugen, die in wässerigen Lösungen praktisch vollständig in Ionen aufgespalten sind.

7.1 pH-Wert

Um bei den Angaben der Konzentration für die H_3O^+-Ionen die Zahlenwerte zu vereinfachen, ist man übereingekommen, für die Konzentration der Oxoniumionen ihren negativen dekadischen Logarithmus anzugeben. Diese Zahlenangabe wird als pH-Wert bezeichnet.

Die Zahlenangaben für den pH-Wert reichen von 0 bis 14. Dabei entspricht ein pH-Wert von 0 bis 7 dem sauren Bereich und ein pH-Wert von 7 bis 14 dem basischen Bereich. Reines Wasser hat den pH-Wert 7. Dieser pH-Wert entspricht genau dem Neutralpunkt.

Neutralpunkt

Eine 0,01-molare Salzsäure hat somit eine Oxoniumionenkonzentration von 10^{-2} mol/l.

Der negativ dekadische Logarithmus von 10^{-2} ist 2. Der pH-Wert für eine 0,01-molare Salzsäure ist also 2. Eine 0,01-molare Natronlauge hat eine Hydroxidionenkonzentration von 10^{-2} mol/l. Mithilfe des Ionenproduktes des Wassers lässt sich die Oxoniumionenkonzentration leicht errechnen:

$$c\,(H_3O^+) \cdot 10^{-2} = 10^{-14}\ mol^2/l^2$$

$$c\,(H_3O^+) = 10^{-12}\ mol/l$$

Daraus ergibt sich der pH-Wert 12 für eine 0,01-molare Natronlauge.

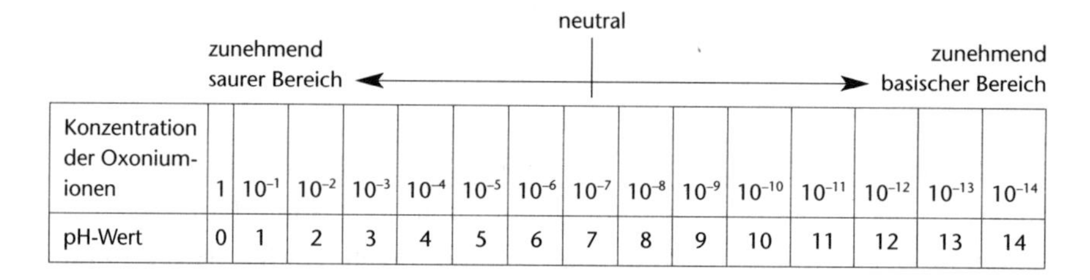

Konzentration der Oxonium-ionen	1	10^{-1}	10^{-2}	10^{-3}	10^{-4}	10^{-5}	10^{-6}	10^{-7}	10^{-8}	10^{-9}	10^{-10}	10^{-11}	10^{-12}	10^{-13}	10^{-14}
pH-Wert	0	1	2	3	4	5	6	7	8	9	10	11	12	13	14

Aufgaben

H33 Wie groß ist die Konzentration von $H^+_{(aq)}$-Ionen in reinem Wasser (22 °C)? ($H^+_{(aq)}$ ist die vereinfachte Schreibweise für $H_3O^+_{(aq)}$.)

H34 Wie groß ist die $OH^-_{(aq)}$-Ionenkonzentration in einer wässerigen Lösung, deren $H^+_{(aq)}$-Ionenkonzentration 10^{-3} ist?

H35 Welchen pH-Wert hat eine 0,001-molare Salzsäure?

H36 Welchen pH-Wert hat eine 0,001-molare Kalilauge?

H37 Wie groß ist die Konzentration an $H^+_{(aq)}$-Ionen einer Lösung mit dem pH-Wert 5?
Wie groß ist die $OH^-_{(aq)}$-Ionenkonzentration dieser Lösung?

H38 Welchen pH-Wert hat Schwefelsäure, die in einem Liter Lösung 0,05 mol H_2SO_4 enthält?
(Diese Aufgabe ist zum Knobeln; du schaffst sie aber sicher!)

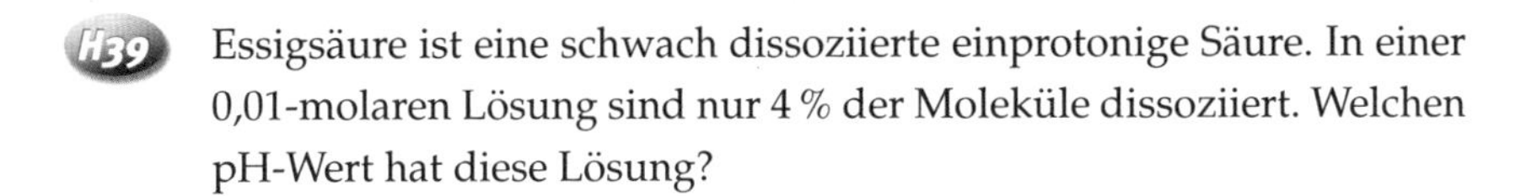

H39 Essigsäure ist eine schwach dissoziierte einprotonige Säure. In einer 0,01-molaren Lösung sind nur 4 % der Moleküle dissoziiert. Welchen pH-Wert hat diese Lösung?

H40 Wie viel 0,01-molare Salzsäure muss zu 100 ml Natronlauge gegeben werden, deren pH-Wert 11 ist, um den pH-Wert 7 zu erreichen?

8. Elektrolyse

Salzkristalle leiten den elektrischen Strom nicht. Die Ionen werden im Kristallgitter durch die Bindungskräfte so stark festgehalten, dass sie von ihrem Platz nicht wegwandern können. Erst wenn das Ionengitter zerstört ist (durch Schmelzen des Salzes oder Auflösen in einem Lösungsmittel), sind die Ionen frei beweglich. In Salzschmelzen und in Salzlösungen befinden sich also positiv geladene und negativ geladene Ionen in ungeordnetem Zustand nebeneinander.

Taucht man in die Flüssigkeit zwei Elektroden, die mit einer Gleichspannungsquelle verbunden sind, so wandern die negativen Ionen zum positiven Pol (**Anode**) und die positiven Ionen zum negativen Pol (**Kathode**), denn gegensätzliche Ladungen ziehen sich an.

Kationen

An der Kathode herrscht Elektronenüberschuss. Die positiv geladenen Ionen (**Kationen**) nehmen an der Kathode Elektronen auf und verlieren dadurch ihre positive Ladung. Sie werden also entladen.

Anionen

An der Anode herrscht Elektronenmangel. Die negativ geladenen Ionen (**Anionen**) geben an der Anode Elektronen ab und verlieren dadurch ihre negative Ladung. Sie werden also auch entladen.

Durch die Aufnahme von Elektronen an der Anode aus der Schmelze (bzw. der Lösung) und die Abgabe von Elektronen an der Kathode in die Schmelze (bzw. Lösung) ergibt sich ein Elektronenfluss vom Minuspol zum Pluspol der Spannungsquelle. In der Schmelze bzw. in der Lösung erfolgt der Ladungstransport durch die zu den Elektroden wandernden Ionen. Durch die Entladung werden die Ionen an den Elektroden stofflich verändert.

Stoffe, die beim Stromdurchgang verändert werden, nennt man Leiter zweiter Klasse. Leiter erster Klasse bleiben beim Stromdurchgang unverändert (zum Beispiel Metalle).

Elektrolyse

Mithilfe des elektrischen Stroms können auf diese Weise viele Ionenverbindungen aus ihrer Schmelze oder Lösung in die zugrunde liegenden Elemente zerlegt werden (**Elektrolyse**).

Schmelzflusselektrolyse

Bei der **Schmelzflusselektrolyse** von Kochsalz wandern die positiven Na^+-Ionen zur Kathode und nehmen dort je ein Elektron auf. Dadurch verlieren diese Ionen ihre Ladung. An der Kathode entsteht metallisches Natrium. Die negativen Cl^--Ionen wandern zur Anode und geben dort je ein Elektron ab. Dadurch entstehen ungeladene Chloratome, die sich sofort zu Chlormolekülen vereinigen. An der Anode entweicht Chlorgas:

Kathodenvorgang: $2\,Na^+ + 2\,e^- \rightarrow 2\,Na$
Anodenvorgang: $2\,Cl^- \rightarrow Cl_2 + 2\,e^-$

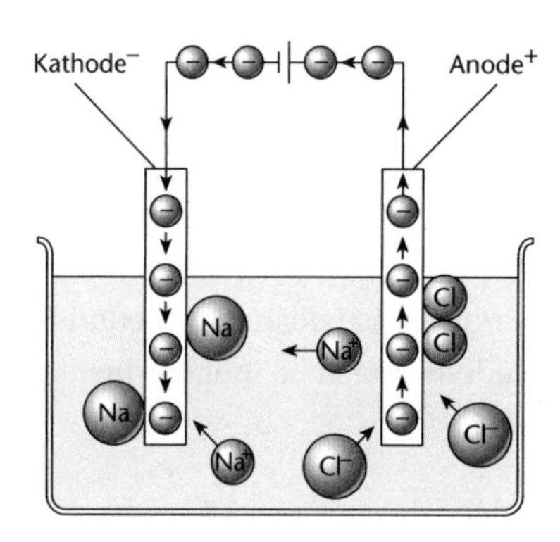

Abb. 41
Schmelzflusselektrolyse von NaCl

Lösungselektrolyse

Bei der **Elektrolyse von wässerigen Lösungen (Lösungselektrolyse)** werden an den Elektroden immer nur die Ionenarten entladen, zu deren Entladung die geringste Energie nötig ist. In einer Kochsalzlösung liegen nebeneinander Na^+- und Cl^--Ionen (vom Kochsalz) und H_3O^+- und OH^--Ionen (vom Wasser) vor. Bei der Lösungselektrolyse des Kochsalzes wandern die positiven Na^+- und H_3O^+-Ionen zur Kathode. Dort werden aber nur die H_3O^+-Ionen durch Elektronenaufnahme entladen. Die Na^+-Ionen bleiben unverändert in Lösung, weil zu ihrer Entladung mehr Energie nötig wäre als zur Entladung von H_3O^+-Ionen. An der Kathode entweicht elementarer Wasserstoff. Die negativen Cl^-- und OH^--Ionen wandern zur Anode. Dort werden jedoch nur die Cl^--Ionen entladen. Die OH^--Ionen bleiben unverändert in Lösung, weil zu ihrer Entladung mehr Energie nötig wäre als zur Entladung von Cl^--Ionen. An der Anode entweicht Chlorgas.

Kathodenvorgang: $2\,H_3O^+ + 2\,e^- \rightarrow 2\,H_2O + H_2\uparrow$
Anodenvorgang: $2\,Cl^- \rightarrow Cl_2\uparrow + 2\,e^-$

Nach Beendigung der Lösungselektrolyse bleiben im Wasser gelöste Na^+- und OH^--Ionen übrig (= Natronlauge).

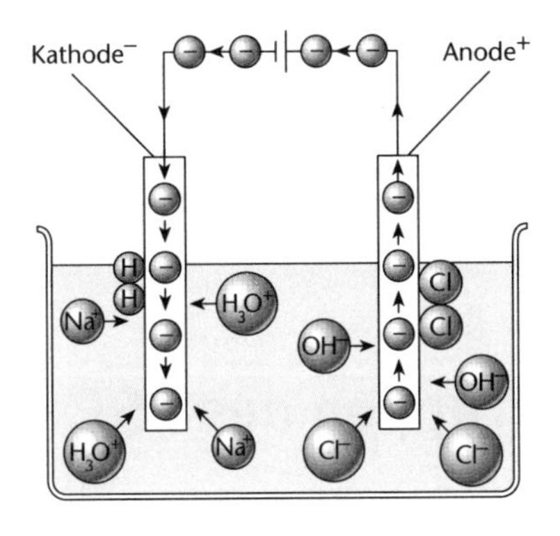

Abb. 42
Lösungselektrolyse von NaCl

Eine wichtige Rolle in der Energieversorgung der Zukunft kommt der Elektrolyse von Wasser zu. Mithilfe von Solarzellen kann Sonnenlicht direkt in elektrischen Strom umgewandelt werden, mit dem man Wasser in seine beiden Elemente Wasserstoff und Sauerstoff zerlegt. Durch Vereinigung des Wasserstoffs mit Sauerstoff zu Wasser kann wieder Energie gewonnen werden. Auf diese Weise ist es möglich, Sonnenenergie zu speichern und diese Energie nach Bedarf abzurufen.

Diese „**Wasserstofftechnologie**“ kann ein wichtiges Standbein in der künftigen Energieversorgung werden. Wasserstoff ist ein umweltfreundlicher Energieträger. Bei seiner Vereinigung mit Sauerstoff entsteht nur Wasser. Bei der Verbrennung des Wasserstoffs mit Luft entstehen nur in geringem Maß Stickstoffoxide. Im Gegensatz zu fossilen Energieträgern entsteht bei der Verbrennung von Wasserstoff weder CO_2 noch CO noch SO_2.

Beschreibe die Vorgänge an den Elektroden bei der Elektrolyse von Bleichlorid ($PbCl_2$).

Beschreibe die Vorgänge an den Elektroden bei der Elektrolyse einer wässerigen Lösung von Zinkiodid (ZnI_2). (Hinweis: Es werden Kohleelektroden benutzt, an denen Zn^{2+}-Ionen leichter als H_3O^+-Ionen und I^--Ionen leichter als OH^--Ionen entladen werden.)

H43

Beschreibe die Vorgänge an den Elektroden bei der Elektrolyse einer verdünnten wässerigen Lösung von Schwefelsäure (H_2SO_4). (Hinweis: Es werden Platinelektroden benutzt, an denen OH-Ionen leichter als SO_4^{2-}-Ionen zu entladen sind.) Welcher Stoff wird im Endeffekt in seine Elemente zerlegt?
(Diese Aufgabe ist zum Knobeln; du schaffst sie aber sicher!)

Elemente der Hauptgruppen des PSE

Wie du bereits in Kapitel D 3 gesehen hast, lassen sich die Elemente in verschiedenen Gruppen im PSE zusammenfassen. Jede Gruppe hat bestimmte Eigenschaften.

1. Element Wasserstoff

Wasserstoff ist das häufigste Element im Weltall. Die Sonne und viele Fixsterne bestehen überwiegend aus Wasserstoff.

Wasserstoff ist ein farbloses, geruchloses, geschmackloses und in Wasser praktisch unlösliches Gas. 1 l Wasserstoff (0,09 g) hat nur etwa den 14. Teil der Masse von 1 l Luft (1,293 g). Damit ist Wasserstoff der leichteste Stoff überhaupt. Da das gasförmige Element H_2 selten frei vorkommt, muss es aus Verbindungen freigesetzt werden.

Bestimmte Metalle (wie Zink, Eisen oder Magnesium) „lösen" sich z. B. in Salzsäure unter Wasserstoffbildung auf:

$$Zn + 2\,HCl \rightarrow H_2\uparrow + ZnCl_2$$

Wasserstoff kann aber auch durch Reduktion von Wasser mit sehr unedlen Metallen gewonnen werden:

$$2\,Na + 2\,H_2O \xrightarrow{H_2O} 2\,Na^+_{(aq)} + 2\,OH^-_{(aq)} + H_2\uparrow$$

An der Luft verbrennt Wasserstoff zu Wasser, wobei viel Energie frei wird.

$$2\,H_2 + O_2 \rightarrow 2\,H_2O; \qquad \Delta H = -2 \cdot 286{,}24\ \text{kJ}$$

Gemische aus Wasserstoff und Luft oder Sauerstoff verbrennen bei Entzündung explosionsartig (**Knallgas**). Ebenso verhält sich ein Gemisch aus Chlorgas und Wasserstoff (**Chlorknallgas**). Es kann schon durch die Energie des Sonnenlichts zur Explosion gebracht werden.

Knallgasprobe

Wasserstoff wird durch die **„Knallgasprobe"** nachgewiesen. Dabei wird das zu prüfende Gas in einem Reagenzglas aufgefangen und dieses mit dem Daumen verschlossen. Man nähert das Reagenzglas einer Brennerflamme und öffnet es knapp vor der Flamme. Entzündet sich der Reagenzglasinhalt mit einem deutlichen Knall (oder Heulton), so weist dies auf Wasserstoff hin. Der Wasserstoff war im Reagenzglas mit Luft gemischt und reagierte deshalb explosionsartig. Befindet sich bei der Knallgasprobe nur reiner Wasserstoff im Reagenzglas, dann entzündet sich dieser mit einem schwachen „Plopp" an der Flamme und brennt dann ruhig im Reagenzglas ab.

Wasserstoff wurde wegen seiner geringen Dichte früher zur Füllung von Luftschiffen und Ballonen verwendet. Wegen der hohen Feuergefahr ersetzt man heute Wasserstoff häufig durch Heliumgas.

Wasserstoff wird zusammen mit Sauerstoff im Knallgasgebläse zum Schweißen verwendet, da eine hohe Verbrennungswärme entsteht. Es werden hier Temperaturen bis 2700 °C erreicht.

Wasserstoff ist ein gutes Reduktionsmittel. Viele Metalloxide können durch Erhitzen im Wasserstoffstrom zu elementaren Metallen reduziert werden. Um dabei Explosionen zu vermeiden, darf erst erhitzt werden, wenn durch die „Knallgasprobe" nachgewiesen wurde, dass sich in der Apparatur kein Luft-Wasserstoff-Gemisch mehr befindet.

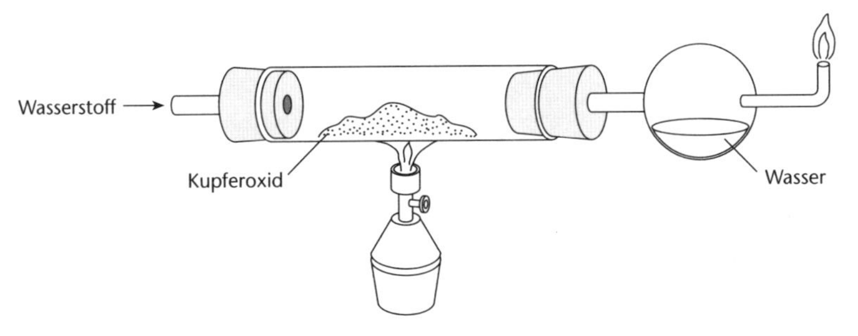

Abb. 43
Reduktion von Kupferoxid mit Wasserstoff. $CuO + H_2 \rightarrow Cu + H_2O$
(Nach der Reduktion befindet sich im Reaktionsrohr reines Kupfer.)

Aufgaben

I01 Stelle die Reaktionsgleichung auf für die Darstellung von Wasserstoff mit Eisen und verdünnter Schwefelsäure (Anmerkung: Eisen ist hier zweiwertig).

102 Mithilfe von Lithium kann aus Wasser Wasserstoff gewonnen werden. Wie lautet die Reaktionsgleichung?

103 Leitet man Wasserdampf über erhitztes Magnesium, so tritt eine Reaktion ein. Welche Stoffe entstehen? Wie lautet die Reaktionsgleichung?

104 Dieisentrioxid Fe_2O_3 kann mit Wasserstoff reduziert werden. Wie lautet die Reaktionsgleichung?

2. I. Hauptgruppe des PSE – Alkalimetalle

Lithium (Li), Natrium (Na), Kalium (K), Rubidium (Rb), Caesium (Cs) und Francium (Fr) bilden die I. Hauptgruppe des PSE.

Alle diese Elemente sind weiche, leicht schneidbare Metalle. Durch Abgabe ihres einzigen Elektrons auf der äußersten Schale wird die nächstinnere Schale (eine sehr stabile Edelgasschale) zur Außenschale. Die Alkalimetalle sind deshalb sehr reaktionsfähig. Das Außenelektron wird umso leichter abgegeben, je weiter es vom Atomkern entfernt ist, weil es von diesem nicht mehr so stark angezogen wird. Die Reaktionsfähigkeit der Alkalimetalle nimmt deshalb gemäß ihrer Stellung im PSE von oben nach unten zu.

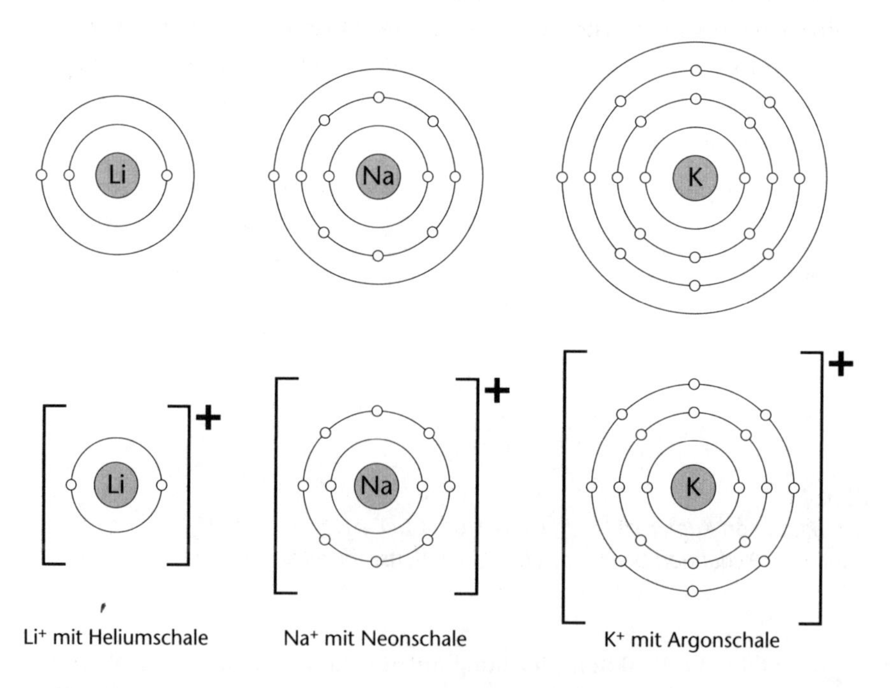

Abb. 44
Lithium, Natrium und Kalium verändern sich durch Elektronenabgabe.

Alle Alkalimetalle werden an der Luft sehr schnell oxidiert. Lithium, Natrium und Kalium werden deshalb in Gefäßen unter Petroleum aufbewahrt, um den Zutritt von Luftsauerstoff und Feuchtigkeit zu verhindern.

Mit Wasser reagieren die Alkalimetalle sehr heftig. Dabei wird Wasserstoff freigesetzt und es entsteht eine Lauge.
Reaktion von Kalium mit Wasser als Beispiel:

$$2\,K + 2\,H_2O \xrightarrow{H_2O} 2\,K^+_{(aq)} + 2\,OH^-_{(aq)} + H_2\uparrow; \qquad -\Delta H$$

Die Reaktion der übrigen Alkalimetalle mit Wasser verläuft ebenso.

Flammenprobe

Bringt man Alkalimetalle oder ihre Salze in eine nicht leuchtende Flamme, so zeigen sich Flammenfärbungen, die für die einzelnen Elemente typisch sind. Diese charakteristische Erscheinung spielt als Flammenprobe eine wichtige Rolle beim Nachweis von Alkalimetallen.

Mithilfe des BOHRschen Atommodells (*siehe Kapitel D*) kann diese typische Abstrahlung von farbigem Licht gedeutet werden. Nach BOHR entsprechen die Elektronenbahnen im Atommodell ganz bestimmten Energiezuständen der Elektronen. Energiereiche Elektronen halten sich auf Bahnen auf, die sich weiter entfernt vom Atomkern befinden als die Bahnen von weniger energiereichen Elektronen. Jedes Atom besitzt nur eine bestimmte Anzahl von Elektronenbahnen (auch als Energieniveaus bezeichnet). Durch Energiezufuhr können Elektronen auf ein höheres, bisher nicht besetztes Energieniveau, das heißt, auf eine vom Atomkern weiter entfernte Bahn gehoben werden.

Die Außenelektronen von Alkalimetallen können durch Wärmeenergie (Hitze in der Flamme) leicht auf eine der höheren Bahnen angehoben werden. Diese „angeregten" Elektronen fallen aber meistens sofort wieder auf eine energieärmere Bahn zurück. Dabei wird Energie in Form von Licht abgegeben. Die vorher aufgenommene Wärmeenergie wurde also in eine andere Energieform, nämlich Lichtenergie, umgewandelt. Die abgegebene Lichtenergie entspricht genau dem Betrag, um den sich die beiden Elektronenbahnen (= Energieniveaus) unterscheiden.

Die Außenelektronen der Alkalimetalle werden in der Flammenhitze immer in ganz bestimmte energiereichere Elektronenbahnen angehoben. Von diesem höheren Energieniveau fallen die Elektronen anschließend wieder in ihre Ausgangslage zurück. Dieses „Zurückfallen" kann auch stufenweise vor sich gehen, d. h., das Elektron springt vom hohen Energieniveau auf Bahnen mit geringerem Energieinhalt, bis es schließlich seine Ausgangslage wieder erreicht hat. Bei jedem „Energiesprung" gibt das Elektron Licht einer ganz bestimmten Farbe ab.

Flammenfärbung der Alkalimetalle				
Lithium rot	Natrium gelborange	Kalium violett	Rubidium rot	Caesium blauviolett

Enthält eine Chemikalienprobe mehrere Alkalimetalle, so ist eine Unterscheidung mithilfe der einfachen Flammenprobe nicht eindeutig möglich, weil die Flammenfärbung eine Mischfarbe darstellt. Erst wenn die Flammenfärbung durch ein Spektroskop zerlegt wird, ist eine eindeutige Aussage über die Anwesenheit oder das Fehlen bestimmter Alkalimetalle möglich.

Arbeitsweise Spektroskop

Im Spektroskop wird Licht, das sich aus verschiedenen Wellenlängen (und damit verschiedenen Farben) zusammensetzt, zerlegt. Kernstück eines Spektroskops ist ein Glasprisma. Licht wird beim Durchgang durch ein Prisma von seiner Richtung abgelenkt (gebrochen), und zwar umso stärker, je kurzwelliger es ist. Weißes Tageslicht wird im Spektroskop zu einem zusammenhängenden (kontinuierlichen) Farbband zerlegt, weil es aus Licht aller Wellenlängen zusammengesetzt ist.

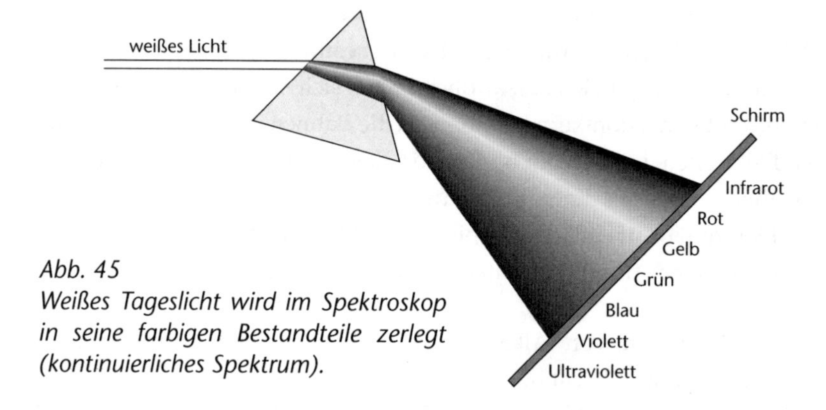

Abb. 45
Weißes Tageslicht wird im Spektroskop in seine farbigen Bestandteile zerlegt (kontinuierliches Spektrum).

Enthält ein Lichtstrahl nur Licht einiger ganz bestimmter Wellenlängen, so ergibt sich im Spektroskop ein sogenanntes Linienspektrum.

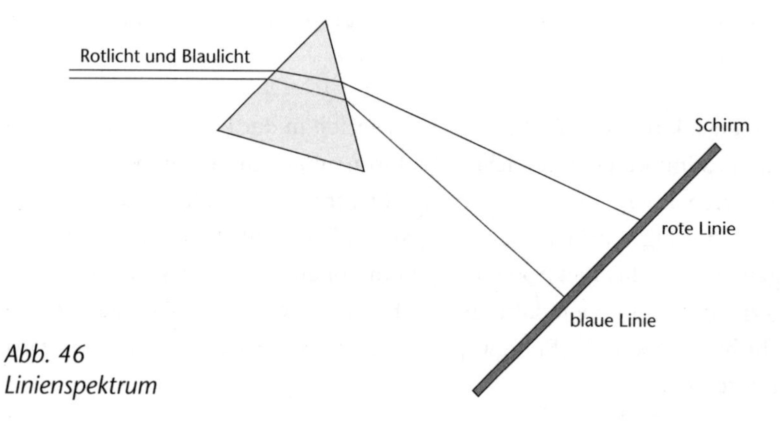

Abb. 46
Linienspektrum

Licht, das durch Alkalimetalle in der Flamme erzeugt wird, ist nur aus wenigen Wellenlängen zusammengesetzt. Das Natriumlicht besteht überhaupt nur aus Licht einer Wellenlänge, es ist monochromatisch (einfarbig).

Aufgaben

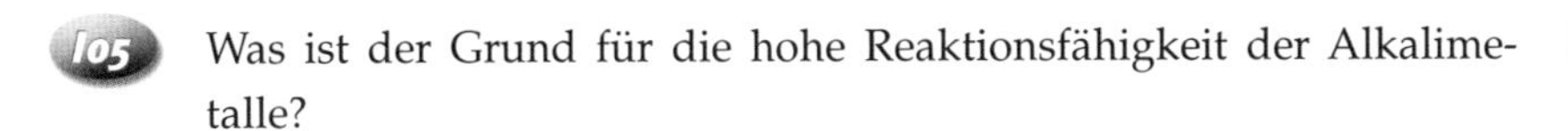

105 Was ist der Grund für die hohe Reaktionsfähigkeit der Alkalimetalle?

106 Lithium, Natrium und Kalium reagieren in dieser Reihenfolge mit zunehmender Heftigkeit mit Wasser. Wie ist das zu erklären?

107 Warum werden Alkalimetalle unter Petroleum aufbewahrt?

108 Lithiumchlorid, Natriumchlorid und Kaliumchlorid sind farblose Salze, die rein äußerlich gleich aussehen. Wie kann man diese Salze durch eine einfache Probe voneinander unterscheiden?

109 Welche Elemente lassen eine besonders hohe Reaktionsfreudigkeit mit den Alkalimetallen erwarten? Begründe deine Aussage!

110 Kalium zeigt, wie andere Alkalimetalle auch, ein Linienspektrum mit mehreren Linien, obwohl die Alkalimetalle nur ein Außenelektron besitzen. Wie ist das zu erklären?

111 In einer Chemikalienprobe ist zu Natriumchlorid noch ein weiteres Alkalimetallchlorid gemischt. Wie kann festgestellt werden, um welches Alkalimetall es sich handelt?

3. II. Hauptgruppe des PSE – Erdalkalimetalle

Beryllium (Be), Magnesium (Mg), Calcium (Ca), Strontium (Sr), Barium (Ba) und Radium (Ra) bilden die II. Hauptgruppe des PSE.

Die wichtigsten Elemente der II. Hauptgruppe sind Magnesium und Calcium. Magnesium spielt vor allem bei Leichtmetalllegierungen eine wichtige Rolle.

Calcium, Strontium und Barium zeigen Flammenfärbung ähnlich wie Alkalimetalle.

Flammenfärbung der Erdalkalimetalle

Beryllium	Magnesium	Calcium	Strontium	Barium	Radium
–	–	ziegelrot	karminrot	grün	–

Die silberglänzenden Erdalkalimetalle sind nicht ganz so reaktionsfähig gegenüber Sauerstoff und Wasser wie die Alkalimetalle.
Reaktion von Calcium mit Wasser als Beispiel:

$$Ca + 2\,H_2O \xrightarrow{H_2O} Ca^{2+}_{(aq)} + 2\,OH^-_{(aq)} + H_2\uparrow; \qquad -\Delta H$$

Wasserhärte In Wasser gelöste Calcium- und Magnesiumsalze verursachen die Härte des Wassers. Man sagt, Wasser ist hart, wenn es viele Calcium- und Magnesiumionen enthält. Weiches Wasser enthält nur wenig oder keine dieser Ionen (z. B. Regenwasser).

Die Härte des Wassers wird manchmal in deutschen Härtegraden angegeben:
1 °dH = 1 deutscher Härtegrad = 10 mg/l CaO = 7,14 mg/l MgO.

Einteilung des Wassers nach Härtebereichen in °dH

0–4	4–8	8–12	12–18	18–30	über 30
sehr weich	weich	mittelhart	ziemlich hart	hart	sehr hart

Magnesium verbrennt an der Luft mir sehr heller Flamme. Wie lautet die Reaktionsgleichung?

Calcium reagiert gut mit warmem Wasser. Formuliere die Reaktionsgleichung!

Eine bestimmte Wassersorte hat die Härte von 20 °dH. Die Härte dieses Wassers wird von gelöstem Calciumhydrogencarbonat $Ca(HCO_3)_2$ verursacht. Wie viel $Ca(HCO_3)_2$ ist in 1 l dieses Wassers enthalten?
(Diese Aufgabe ist zum Knobeln; du schaffst sie aber sicher!)

4. III. Hauptgruppe des PSE – Erdmetalle

Bor (B), Aluminium (Al), Gallium (Ga), Indium (In) und Thallium (Tl) bilden die III. Hauptgruppe des PSE. Der metallische Charakter nimmt vom Bor zum Thallium zu. Während Bor noch ein typisches Nichtmetall ist, zeigt Aluminium bereits weitgehend metallische Eigenschaften.

Aluminium ist das wichtigste Element der III. Hauptgruppe des PSE. Als Leichtmetall hat es hohe technische Bedeutung. Aluminium ist das am häufigsten vorkommende Metall in der Erdrinde (mehr als 8 %). Es ist ein sehr unedles, das heißt reaktionsfreudiges Metall und kommt deshalb in der

Natur nicht elementar, sondern nur in chemischen Verbindungen vor. Die Edelsteine Saphir (blau) und Rubin (rot) sind Dialuminiumtrioxide (Al_2O_3). Die Farben ergeben sich durch Spuren anderer Metalloxide. Feldspäte (gesteinsbildende Mineralien) und Tone sind die häufigsten Aluminiumverbindungen in der Natur.

Trotz seines unedlen Charakters ist Aluminium an der Luft sehr korrosionsbeständig. Eine dünne, aber zähe und fest anhaftende Oxidschicht verhindert den weiteren Zutritt von Sauerstoff.

Aluminiumgewinnung

Technisch wird Aluminium durch Elektrolyse einer Schmelze von Dialuminiumtrioxid (Al2O3) gewonnen. Das dafür nötige sehr reine Aluminiumoxid wird in einem aufwendigen Reinigungsprozess vor allem aus Bauxit (verunreinigtes Aluminiumoxid; nach dem Fundort Les Baux-de-Provence benannt) gewonnen. Wegen der hohen Schmelztemperatur von Al2O3 (2045°C) gibt man Kryolith (Na3AlF6) zu. Dadurch erreicht man Schmelztemperaturen um 950°C. Zur Herstellung von Aluminium benötigt man sehr viel elektrische Energie (pro Tonne ca. 22000 kWh). Aluminiumfabriken können deshalb nur dort wirtschaftlich arbeiten, wo billiger Strom in ausreichender Menge zur Verfügung steht (Wasserkraftwerke).

Aufwand zur Herstellung von 1000 kg Aluminium

Bauxit	Kryolith	Elektrodengrafit	elektrische Energie
4500 kg	60 kg	600 kg	22 000 kWh

Bei der großtechnischen Herstellung von Aluminium durch Schmelzelektrolyse verwendet man Elektroden aus Kohlenstoff (Grafit). Die Grafitanode wird durch den dort entstehenden Sauerstoff zu Kohlenstoffmonooxid und Kohlenstoffdioxid verbrannt. Die dabei frei werdende Wärmeenergie und die Stromwärme halten die Schmelze flüssig.
Chemische Vorgänge bei der Schmelzelektrolyse von Al_2O_3 in vereinfachter Darstellung:

$$\begin{array}{lll} \text{Schmelze:} & 2\,Al_2O_3 & \rightarrow 4\,Al^{3+} + 6\,O^{2-} \\ \text{Anode:} & 6\,O^{2-} & \rightarrow 3\,O_2 + 12\,e^- \\ \text{Kathode:} & 4\,Al^{3+} + 12\,e^- & \rightarrow 4\,Al \\ \hline \text{Gesamtvorgang:} & 2\,Al_2O_3 & \rightarrow 4\,Al + 3\,O_2 \end{array}$$

Aufgaben

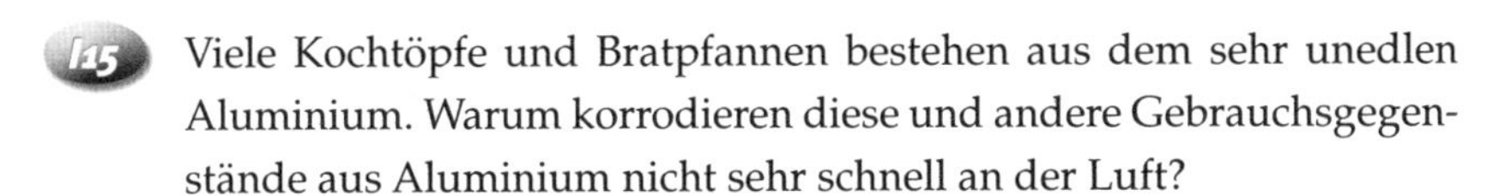

115 Viele Kochtöpfe und Bratpfannen bestehen aus dem sehr unedlen Aluminium. Warum korrodieren diese und andere Gebrauchsgegenstände aus Aluminium nicht sehr schnell an der Luft?

116 Welcher Faktor bestimmt maßgebend den Standort einer Aluminiumfabrik?

I17 Welche Rolle spielt Kryolith bei der elektrolytischen Herstellung von Aluminium?

I18 Warum werden bei der Schmelzelektrolyse von Al_2O_3 große Mengen von Grafitelektroden verbraucht?

I19 Aluminium reagiert stark exotherm mit Sauerstoff. Die Reaktionsgleichung lautet: $2\ Al + 1\ ^1/_2\ O_2 \rightarrow Al_2O_3$; $\Delta H = -1678$ kJ. Welche Energiemenge wird frei, wenn 1 kg Aluminium vollständig verbrannt wird?
(Diese Aufgabe ist zum Knobeln; du schaffst sie aber sicher!)

I20 Das Trieisentetraoxid Fe_3O_4 kann mit Aluminiumstaub reduziert werden. Dabei entsteht flüssiges Eisen. Wie lautet die Reaktionsgleichung?

I21 Welche Energiemenge wird frei, wenn 1 kg Fe_3O_4 mit Aluminium vollständig zu flüssigem Eisen reduziert wird? Wie viel Aluminium wird dazu benötigt?
Bildungsgleichung für Fe_3O_4:
$3\ Fe + 2\ O_2 \rightarrow Fe_3O_4$; $\Delta H = -1123$ kJ
Bildungsgleichung für Al_2O_3:
$2\ Al + 1\ ^1/_2\ O_2 \rightarrow Al_2O_3$; $\Delta H = -1678$ kJ

5. IV. Hauptgruppe des PSE – Kohlenstoffgruppe

Kohlenstoff (C), Silicium (Si), Germanium (Ge), Zinn (Sn) und Blei (Pb) bilden die IV. Hauptgruppe des PSE. Der metallische Charakter (also das Verhalten wie Metalle) nimmt vom Kohlenstoff zum Blei zu.

5.1 Kohlenstoff

Modifikationen

Der elementare Kohlenstoff tritt in drei Modifikationen (Zustandsformen) auf. Er kann in zwei verschiedenen Gittern entweder als Diamant oder als Grafit kristallisieren oder als Kugel vorkommen.

Diamant ist der härteste aller Stoffe, während Grafit (z. B. im Bleistift) sehr weich ist. Die verschiedenartigen Eigenschaften erklären sich aus der unterschiedlichen Anordnung der Kohlenstoffatome in den jeweiligen Kristallgittern. Im Diamant ist jedes Kohlenstoffatom fest mit 4 weiteren Kohlenstoffatomen verbunden. Die Elektronenpaarbindungen sind in die Ecken eines Tetraeders gerichtet.

Beim Grafit ist jedes Kohlenstoffatom nur mit 3 weiteren Kohlenstoffatomen durch Elektronenpaarbindung verbunden. Dabei bilden die Atome Netze aus ebenen, regelmäßigen Sechsecken, die in Schichten übereinander angeordnet sind. Die einzelnen Schichten können gegeneinander verschoben werden. Das vierte Außenelektron des Kohlenstoffs ist zwischen diesen Schichten beweglich. Grafit leitet deshalb den elektrischen Strom ähnlich gut wie Metalle.

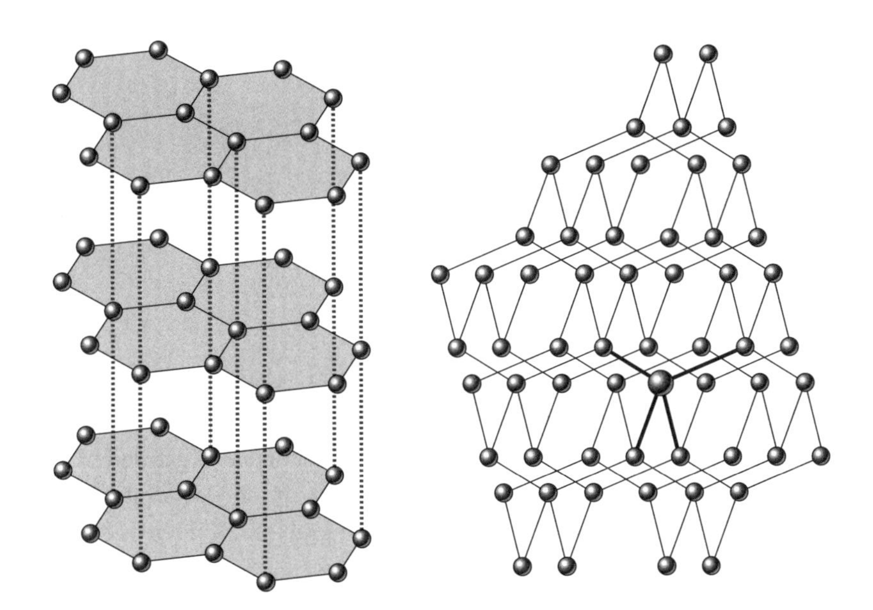

Abb. 47
Kristallgitter von Grafit und Diamant

Als dritte Modifikation des Kohlenstoffs kennt man seit 1985 große, kugelförmige Moleküle, die nur aus miteinander verbundenen Kohlenstoffatomen bestehen. Das am besten untersuchte Molekül dieser Art hat die Formel C_{60}. Hier sind die Kohlenstoffatome in regelmäßigen Sechser- oder Fünferringen angeordnet, die sich zu einer symmetrischen Kugel vereinigt haben. Als Modellvorstellung eignet sich besonders gut ein Fußball, der aus 20 sechseckigen und 12 fünfeckigen Lederflecken zusammengenäht wurde.

Neben dem C_{60} sind noch weitere kugelförmige Kohlenstoffmoleküle bekannt geworden, zum Beispiel C_{70}, C_{76}, C_{78}, C_{84}. Man hat sogar Gebilde aus ineinander geschachtelten Kugelkäfigen aus zum Beispiel 60, 240, 540 und 960 Kohlenstoffatomen entdeckt („Zwiebeln").

Fullerene

Diese kugelförmigen, käfigartigen Kohlenstoffmoleküle werden **Fullerene** genannt. Der Name leitet sich von dem amerikanischen Architekten BUCKMINSTER FULLER ab, der kugelförmige Kuppelbauten konstruierte, deren Elemente ebenfalls aus regelmäßigen Sechs- und Fünfecken bestehen. Fullerene kommen u. a. in erheblichen Mengen im Flammenruß vor.

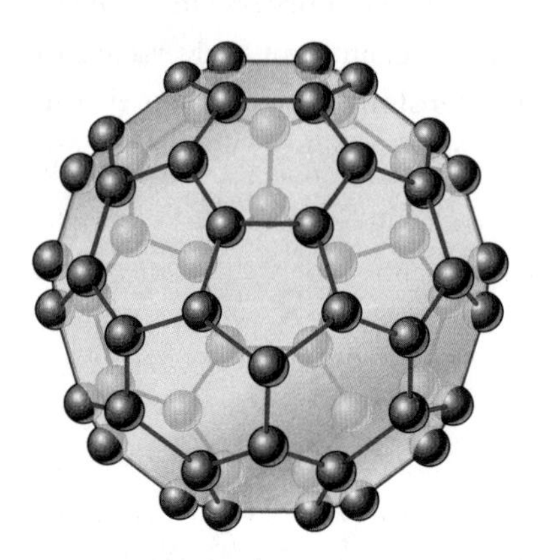

Abb. 48
Modell des C_{60}-Fullerens

Wichtige Verbindungen des Kohlenstoffs:

Kohlenstoffmonooxid

Kohlenstoffmonooxid (CO) ist ein sehr giftiges, farb- und geruchloses, brennbares Gas. Wird Kohlenstoffmonooxid eingeatmet, so wird es in der Lunge von den roten Blutkörperchen anstelle des Sauerstoffs gebunden. Die Sauerstoffaufnahme und der Sauerstofftransport durch das Blut werden dadurch stark eingeschränkt. Es droht Erstickungsgefahr. Kohlenstoffmonooxid kann entstehen, wenn Kohlenstoff mit zu wenig Sauerstoff verbrannt wird:

$$C + {}^{1}/_{2}\,O_2 \rightarrow CO; \qquad -\Delta H$$

Kohlenstoffdioxid

Mit weiterem Sauerstoff verbrennt Kohlenstoffmonooxid zu **Kohlenstoffdioxid**.

$$CO + {}^{1}/_{2}\,O_2 \rightarrow CO_2; \qquad -\Delta H$$

Kohlenstoffdioxid ist ein farb- und geruchloses, unbrennbares Gas, das sich in Wasser löst. Das gelöste Gas bildet in einer Gleichgewichtsreaktion mit Wasser Kohlensäure.

Kohlensäure

Kohlensäure ist eine schwache zweiprotonige Säure, die stufenweise dissoziiert (sich aufspaltet).

$$CO_2 + H_2O \rightleftarrows H_2CO_3$$

$$\text{I} \quad H_2CO_3 \overset{H_2O}{\rightleftarrows} H^+_{(aq)} + HCO^-_{3\,(aq)}$$

(Hydrogencarbonation)

$$\text{II} \quad HCO^-_{3\,(aq)} \overset{H_2O}{\rightleftarrows} H^+_{(aq)} + CO^{2-}_{3\,(aq)}$$

(Carbonation)

Wichtige Salze der Kohlensäure sind das Calciumhydrogencarbonat und das Calciumcarbonat. Calciumhydrogencarbonat ist wasserlöslich. Es ist wesentlich für die Wasserhärte verantwortlich. Beim Erhitzen spaltet es Kohlensäure ab und geht in das schwer lösliche Calciumcarbonat über (Kesselsteinbildung).

Chemische Vorgänge bei der Kesselsteinbildung:

$Ca(HCO_3)_2$	$\rightarrow$	$CaCO_3\downarrow$	$+ H_2O + CO_2\uparrow$
Calciumhydrogencarbonat		Calciumcarbonat setzt sich ab	Kohlensäure entweicht

Calciumcarbonat kommt in riesigen Lagern in der Natur als Kalkstein, Marmor oder Kreide vor. Kalkstein wird in großen Mengen zu Branntkalk (CaO) oder Löschkalk ($Ca(OH)_2$) verarbeitet. Löschkalk ist ein wesentlicher Bestandteil des Kalkmörtels, der beim Bau von Mauern und Häusern verwendet wird.

Kalkmörtel

Chemische Grundlagen des Kalkmörtels:

1. Kalk brennen:

$$CaCO_3 \rightarrow CaO + CO_2; \quad \Delta H = +178{,}6\ kJ$$

2. Kalk löschen:

$$CaO + H_2O \rightarrow Ca(OH)_2; \quad \Delta H = -65{,}2\ kJ$$

3. Mörtel härten:

$$Ca(OH)_2 + CO_2 \rightarrow CaCO_3 + H_2O$$

Mörtel ist ein dicker Brei aus Löschkalk, Sand und Wasser. Durch Auftrocknen des Wassers bindet der Mörtel zunächst ab. Im Lauf der Zeit reagiert der Löschkalk mit dem Kohlenstoffdioxid der Luft. Durch das entstehende Calciumcarbonat erhärtet der Mörtel, das Mauerwerk verfestigt sich.

Die hervorstechendste chemische Eigenschaft von Kohlenstoff ist seine Fähigkeit, Ketten- und Ringmoleküle zu bilden sowie neben Einfach- auch Doppel- und Dreifachbindungen einzugehen. Die Fülle von Kohlenstoffverbindungen (man schätzt ihre Zahl auf weit über zwölf Millionen) ist darauf zurückzuführen, dass Kohlenstoffatome sich untereinander zu Ketten- und Ringmolekülen unterschiedlichster Länge, Größe und Struktur verbinden können, wobei Wasserstoff, Sauerstoff und Stickstoff die häufigsten Bindungspartner sind. Diese Eigenschaft des Kohlenstoffs ist die stoffliche Grundlage des Lebens. Alle lebenden Organismen sind aus Kohlenstoffverbindungen aufgebaut. Obwohl die meisten der heute bekannten Kohlenstoffverbindungen synthetisch hergestellt sind und in der Natur überhaupt nicht vorkommen, nennt man aus historischen Gründen die Chemie der Kohlenstoffverbindungen **Organische Chemie** (*siehe hierzu auch die mentor Lernhilfe mL 676, Organische Chemie*).

5.2 Silicium

Dieses Element kommt in der Erdrinde vor. Der bisher erforschte Teil der Erdrinde enthält fast 28 % Silicium. Nur Sauerstoff ist noch stärker vertreten (über 50 % der Masse der Erdrinde). Wegen seines großen Bestrebens, sich mit Sauerstoff zu verbinden, kommt Silicium in der Natur nicht in elementarem Zustand, sondern nur in chemischen Verbindungen vor. Silicate (Salze verschiedener Kieselsäuren) und Quarz (kristallisiertes hartes Siliciumdioxid) sind die wichtigsten gesteinsbildenden Siliciumverbindungen.

Elementares Silicium in sehr reiner Form leitet den elektrischen Strom nur ganz gering. Im Siliciumkristall sind die Siliciumatome durch Elektronenpaarbindung miteinander verbunden. Im Gegensatz zu den Metallen stehen daher keine freien Elektronen für die Stromleitung zur Verfügung. Beim Erhitzen jedoch werden einige Elektronenpaarbindungen aufgebrochen, sodass freie Elektronen entstehen. Die elektrische Leitfähigkeit des Siliciums steigt daher mit zunehmender Erwärmung an. Man bezeichnet deshalb das Silicium als einen Halbleiter.

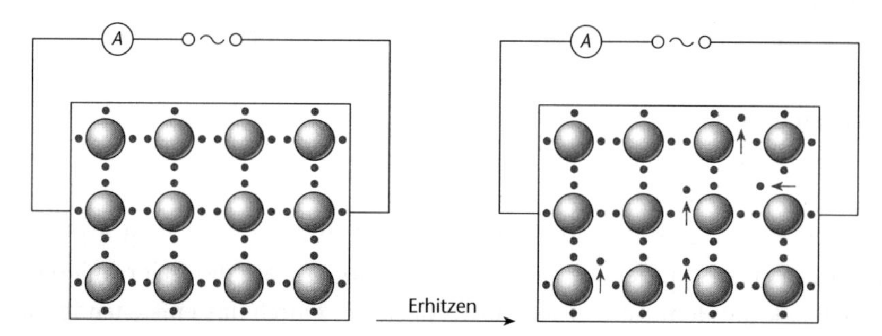

Abb. 49
Stark vereinfachte Modellvorstellung: Beim Erhitzen entstehen im Silicium „freie" Elektronen. Seine elektrische Leitfähigkeit steigt an.

Dotierung Durch gezielte „Verunreinigung" (Dotierung) mit anderen Atomen (zum Beispiel Aluminium bzw. Antimon) kann die Leitfähigkeit von Silicium nach Wunsch gesteigert werden. Silicium ist die stoffliche Grundlage der modernen Elektronik (zum Beispiel Computerchips).

In Form von Solarzellen (dünne Platten aus Silicium, die Sonnenlicht direkt in elektrischen Strom umwandeln können) kann Reinsilicium in Zukunft einen wesentlichen Beitrag zur umweltfreundlichen Energiegewinnung leisten.

Quarz

Quarz ist ein wichtiger Rohstoff für die Glasherstellung. Viele Glassorten sind erstarrte Schmelzen aus Quarz (SiO_2) und verschiedenen Metalloxiden (zum Beispiel CaO; PbO; Na_2O; K_2O).

Bergkristall

Bergkristall ist eine besonders reine, in schön ausgebildeten Kristallen in der Natur vorkommende Form des SiO_2 (Quarzkristalle).

5.3 Blei

Das letzte Glied der IV. Hauptgruppe ist ein schweres Metall. Es ist giftig, verhältnismäßig weich und leicht schmelzbar (Schmelztemperatur 327,3 °C).

Blei reagiert gut mit Luftsauerstoff. Die an der Oberfläche entstehende Oxidhaut schützt das darunterliegende Blei vor weiterer Korrosion.

Wegen seiner Biegsamkeit und Korrosionsfestigkeit wird Blei in großen Mengen zur Ummantelung von Kabelmaterial (Unterbodenkabel) verwendet. Blei findet außerdem Verwendung in Akkumulatoren (Platten in Autobatterien).

Aufgaben

I22 Diamant und Grafit bestehen jeweils aus elementarem Kohlenstoff. Wie erklärt sich der Unterschied in den Eigenschaften?

I23 Was sind Fullerene?

I24 Warum ist Kohlenstoffmonooxid ein starkes Gift?

I25 Calciumhydroxidlösung (= Kalkwasser) dient zum Nachweis von CO_2. Welcher chemische Vorgang läuft hier ab?

I26 Was ist Kohlensäure? Wie lautet die chemische Formel?

I27 Welche chemischen Tatsachen spielen bei der Kesselsteinbildung eine Rolle?

I28 Was ist Kalkmörtel? Warum wird Mörtel im Laufe der Zeit hart?

I29 Was ist Glas?

I30 Wozu verwendet man reines elementares Silicium?

I31 Warum verwendet man Blei zur Ummantelung von Kabeln?

I32 In verdünnte Natronlauge wird Kohlenstoffdioxid eingeleitet. Welche chemischen Vorgänge können dabei ablaufen? Wie lauten die Reaktionsgleichungen dieser Vorgänge?

133 Wie viel Liter Wasser werden benötigt, um 1 t Branntkalk zu löschen (Atommassen: Ca = 40 u; Sauerstoff = 16 u; Wasserstoff = 1 u)?

134 In Neubauten werden manchmal Eisenkörbe mit glühendem Koks (Kohlenstoff) aufgestellt. Was sollen diese „Koksöfen" bewirken?

135 Im Quarzkristallgitter sind Siliciumatome jeweils von 4 Sauerstoffatomen tetraedrisch umgeben. Greife in einer Skizze ein solches Tetraeder heraus!

6. V. Hauptgruppe des PSE – Stickstoffgruppe

Stickstoff (N), Phosphor (P), Arsen (As), Antimon (Sb) und Bismut (Bi – alter Name: Wismut) bilden die V. Hauptgruppe des PSE.

6.1 Stickstoff

6.1.1 Elementarer Stickstoff (N_2)

Stickstoff ist ein Hauptbestandteil der Luft, ein farb- und geruchloses, unbrennbares Gas. Es unterhält die Verbrennung nicht. Eine Flamme wird darin „erstickt" (*siehe Kapitel H 3.1*).
Stickstoffmoleküle sind dreifach gebunden: :N⋮⋮⋮N:

6.1.2 Ammoniak (NH_3)

Ammoniak ist die technisch wichtigste Stickstoffverbindung. Es ist Ausgangsstoff für andere stickstoffhaltige Produkte wie Salpetersäure, Kunstdünger, Farbstoffe, Sprengstoffe, Kunststoffe oder Medikamente. Ammoniak wird großtechnisch aus den Elementen Wasserstoff (H_2) und Stickstoff (N_2) durch das HABER-BOSCH-Verfahren hergestellt (*siehe Abbildung 50*).

HABER (1868–1934), BOSCH (1874–1940), deutsche Chemiker

Ammoniakgewinnung

Stickstoff und Wasserstoff stehen mit Ammoniak in einem chemischen Gleichgewicht:

$$3\,H_2 + N_2 \rightleftarrows 2\,NH_3; \qquad \Delta H = -246{,}3\ \text{kJ}$$

Bei 20 °C liegt dieses Gleichgewicht weitgehend auf der rechten Seite. Trotzdem bildet sich kein Ammoniak, wenn man Wasserstoff und Stickstoff bei Zimmertemperatur mischt. Die Reaktionsgeschwindigkeit ist bei dieser Temperatur nämlich so klein, dass für die Einstellung des Gleichgewichts eine unmessbar lange Zeit notwendig wäre. Die Einstellung des Gleichgewichts kann jedoch mithilfe von Katalysatoren beschleunigt werden. Eine ausreichend beschleunigende Wirkung durch Katalysatoren ergibt sich bei dieser Reaktion aber erst bei einer Temperatur von über 400 °C. Nun ist aber bei so hohen Temperaturen das Gleichgewicht schon stark nach links verschoben, die Ammoniakausbeute wäre daher sehr gering. Da bei der Reaktion eine Volumenverminderung eintritt, begünstigt man diese Verminderung deshalb durch Anwendung von hohem Druck und verschiebt so das Gleichgewicht wieder nach rechts. Die Verschiebung des Gleichgewichts gehorcht dem „Prinzip vom kleinsten Zwang" nach LE CHATELIER:

LE CHATELIER (1850–1936), französischer Chemiker

Wirkt auf ein chemisches Gleichgewicht ein äußerer Zwang (Druck-, Temperatur-, Konzentrationsänderung), so verschiebt sich das Gleichgewicht nach der Seite, die diesem Zwang ausweicht.

Die Ausgangsstoffe bei der Ammoniaksynthese bestehen aus 3 Volumeneinheiten Wasserstoffgas und 1 Volumeneinheit Stickstoffgas. Das gebildete Ammoniakgas benötigt nur 2 Volumeneinheiten.

$$\boxed{H_2}\ \boxed{H_2}\ \boxed{H_2}\ \boxed{N_2} \rightleftarrows \boxed{NH_3}\ \boxed{NH_3}$$

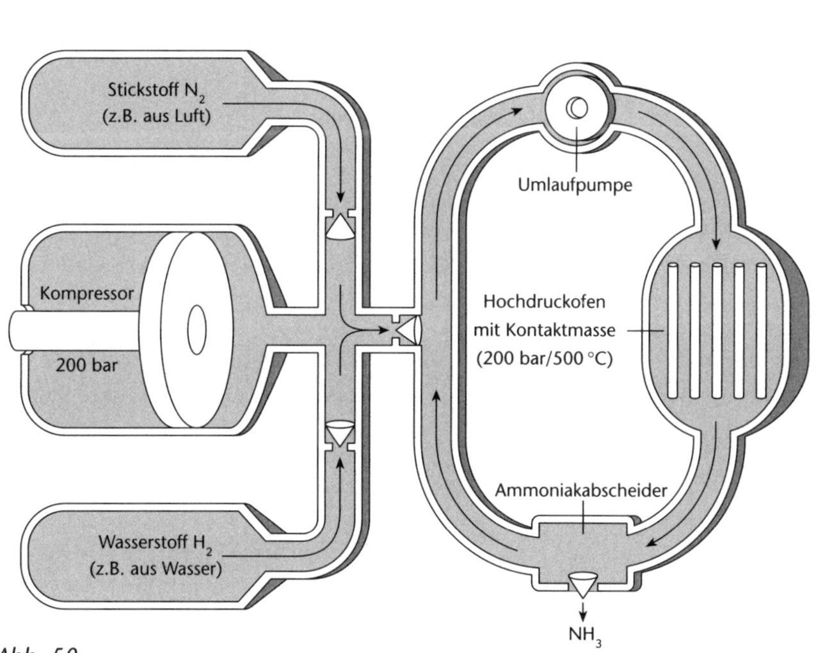

Abb. 50
HABER-BOSCH-Verfahren zur Ammoniaksynthese (stark vereinfacht). Bei diesem großtechnisch angewandten Verfahren arbeitet man bei einer Temperatur von 500 °C und einem Druck von 200 000 hPa (= 200 bar). Als Katalysator verwendet man ein Gemisch aus verschiedenen Metalloxiden (Fe_3O_4; Al_2O_3; K_2O; CaO). Die Ausbeute an Ammoniak bei diesen Reaktionsbedingungen: etwa 17 Vol.-%.

Salmiak Ammoniak löst sich sehr gut in Wasser. „Ammoniakwasser" (Salmiakgeist) zeigt basische Eigenschaften. Stickstoff hat im Ammoniak 8 Außenelektronen (4 Elektronenpaare). 3 Elektronenpaare stellen die kovalente Bindung mit den Wasserstoffatomen her. Das vierte Elektronenpaar ist unbesetzt, man nennt es ein **freies Elektronenpaar**. Dieses freie Elektronenpaar im Ammoniakmolekül ist der Grund für den laugenhaften (basischen) Charakter der wässerigen Ammoniaklösung. Ein Teil des gelösten Ammoniaks reagiert mit Wasser. Dabei gibt Wasser ein Proton ab, das am freien Elektronenpaar des Ammoniaks angelagert wird. Es entstehen Ammoniumionen NH_4^+ und Hydroxidionen OH^-.

$$H{:}\underset{H}{\overset{H}{\ddot{N}}}{:} + H{:}\ddot{\underset{..}{O}}{:}H \rightleftarrows \left[H{:}\underset{H}{\overset{H}{\ddot{N}}}{:}H\right]^+ + {:}\ddot{\underset{..}{O}}{:}H^-$$

Ammoniakwasser ist wegen der Anwesenheit von Hydroxidionen eine Lauge.

Ammoniumsalze Ammoniak kann auch direkt mit Säuren reagieren. Dabei entstehen Ammoniumsalze:

$$NH_3 + H_2CO_3 \rightarrow NH_4HCO_3$$
Ammoniumhydrogencarbonat

$$2\,NH_3 + H_2CO_3 \rightarrow (NH_4)_2CO_3$$
Ammoniumcarbonat

$$NH_3 + HCl \rightarrow NH_4Cl$$
Ammoniumchlorid

$$NH_3 + HNO_3 \rightarrow NH_4NO_3$$
Ammoniumnitrat

Ammoniumhydrogencarbonat wird als Backpulver („Hirschhornsalz") verwendet. Es zersetzt sich beim Erhitzen, wobei als Zerfallsprodukte gasförmige Stoffe (Kohlenstoffdioxid, Ammoniak und Wasserdampf) entstehen, die den Teig beim Backen „auftreiben".

6.1.3 Gebundener Stickstoff

Gebundener Stickstoff ist für alle Tiere und Pflanzen lebensnotwendig, denn Stickstoff ist ein wesentlicher Bestandteil aller Eiweißstoffe. Elementarer Luftstickstoff kann jedoch von den Lebewesen zum Aufbau von Eiweißstoffen nicht verwendet werden. Tiere nehmen den Stickstoff in Form von eiweißreicher Nahrung auf. Pflanzen sind auf den Stickstoff angewiesen, der in Form anorganischer Verbindungen (Ammoniumsalze, Nitrate) im Boden enthalten ist. Die intensiv genutzten Ackerböden verarmen deshalb im Laufe der Zeit an Stickstoffverbindungen. Durch künstlich hergestellte anorganische Stickstoffverbindungen (Kunstdünger) kann das Stickstoffdefizit in landwirtschaftlichen Nutzflächen ausgeglichen werden.

Kunstdünger

Ammoniumnitrat sowie Ammoniumsalze anderer Säuren (Sulfate, Phosphate) haben als Kunstdünger eine große wirtschaftliche Bedeutung. Über 100 Millionen Tonnen Luftstickstoff werden heute pro Jahr in der Welt durch die Ammoniaksynthese (*siehe Abbildung 50*) chemisch gebunden. 80 % davon werden zu Düngemitteln weiterverarbeitet. Zu diesem Zweck werden große Mengen Ammoniak katalytisch oxidiert. Aus den entstehenden Stickoxiden wird Salpetersäure hergestellt. Salze der Salpetersäure (Nitrate) sind gut wasserlöslich. Sie sind wichtige Stickstoffdünger.

saurer Regen

Große Probleme bereiten Stickstoffoxide (Stickoxide NO_x), die durch Abgase des Straßen- und Luftverkehrs sowie der Industrie in die Luft gelangen. Sie sind durch Bildung von Salpetersäure erheblich am Zustandekommen des „sauren Regens" beteiligt. Mithilfe von NO_2 wird unter dem Einfluss von Sonnenlicht in den unteren Schichten der Atmosphäre schädliches Ozon O_3 erzeugt (*siehe Kapitel H 3.2*).

Aufgaben

136 Skizziere die Elektronenverteilung im Stickstoffmolekül.

137 Warum reagieren Stickstoff und Wasserstoff bei Zimmertemperatur nicht miteinander?

138 Beschreibe die Auswirkung des Prinzips vom kleinsten Zwang bei der Ammoniaksynthese nach HABER-BOSCH.

139 Begründe die basische Reaktion einer wässerigen Ammoniaklösung.

140 Warum kann Ammoniumhydrogencarbonat als Backpulver benützt werden?
Begründe deine Aussage mit einer chemischen Gleichung.

141 Welche Oxidationszahl hat Stickstoff in den Verbindungen NH_3; NO; NO_2 und HNO_3?

142 Warum sind Stickstoffdünger für den Ackerboden wichtig?

6.1.4 Salpetersäure (HNO_3)

W. Ostwald (1853–1932), deutscher Chemiker

Großtechnisch wird Salpetersäure heute durch das Ostwald-Verfahren hergestellt. Dabei wird Ammoniak mit Luftsauerstoff katalytisch zu Stickstoffmonooxid verbrannt. Als Katalysator dient ein feinmaschiges Netz aus Platinmetall:

$$4\,NH_3 + 5\,O_2 \rightarrow 4\,NO + 6\,H_2O; \qquad \Delta H = -4 \cdot 226{,}7\text{ kJ}.$$

Mit weiterem Luftsauerstoff vereinigt sich NO zu NO_2:

$$4\,NO + 2\,O_2 \rightarrow 4\,NO_2; \qquad \Delta H = 4 \cdot 57{,}15\text{ kJ}.$$

Unter Zufuhr von Luftsauerstoff setzt sich Stickstoffdioxid mit Wasser zu Salpetersäure um:

$$4\,NO_2 + 2\,H_2O + O_2 \rightarrow 4\,HNO_3$$

Salpetersäure zeigt neben ihren allgemeinen Säureeigenschaften oxidierende Wirkung. Konzentrierte Salpetersäure greift sogar manche edle Metalle wie Kupfer oder Silber an:

$$4\,HNO_3 + Cu \rightarrow Cu(NO_3)_2 + 2\,NO_2\uparrow + 2\,H_2O$$

$$2\,HNO_3 + Ag \rightarrow AgNO_3 + NO_2\uparrow + H_2O$$

6.2 Phosphor (P)

Elementarer Phosphor tritt in drei Modifikationen auf (weißer, roter und schwarzer Phosphor), die sich deutlich voneinander unterscheiden. Die wesentlichen Eigenschaften der drei allotropen (kristallografisch unterscheidbaren) Formen sind in folgender Tabelle zusammengefasst:

	weißer Phosphor	**roter Phosphor**	**schwarzer Phosphor**
Chemische Formel; Körperform	P_4; pyramidenförmig	P_n; flache Makromoleküle	P_m; Atomgitter
Aussehen	wachsartig	rotes Pulver	schwarzer Feststoff
Entzündungstemperatur	60 °C	380 °C	schwer entflammbar

	weißer Phosphor	roter Phosphor	schwarzer Phosphor
Reaktionsfähigkeit	sehr hoch, vor allem mit Sauerstoff	gering; mit Oxidationsmitteln sehr hoch. Verwendung in den Reibflächen der Streichholzschachteln	sehr gering
Physiologische Wirkung	sehr giftig	ungiftig	ungiftig
Löslichkeit	gut löslich in CS_2	kein Lösungsmittel bekannt	kein Lösungsmittel bekannt
Verhalten bei Zimmertemperatur	Rauchentwicklung; leuchtet grünlich wegen langsamer Oxidation	keine Reaktion	keine Reaktion

Weißer Phosphor reagiert stark exotherm mit Sauerstoff. Lässt man weißen Phosphor an der Luft liegen, so kann er sich selbst entzünden.

$$P_4 + 5\,O_2 \rightarrow P_4O_{10}; \qquad \Delta H = -2988\ \text{kJ}$$

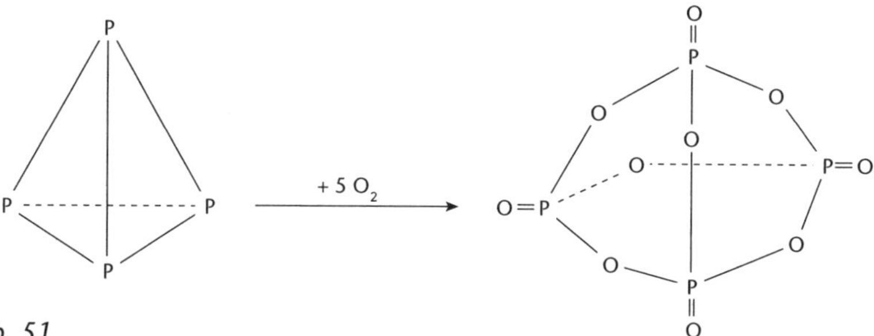

Abb. 51
Verbrennung von Phosphor

Ursprünglich wurde für das entstandene Oxid die Formel P_2O_5 (Phosphorpentoxid) angegeben. Heute weiß man, dass P_4O_{10} (Tetraphosphordekaoxid) vorliegt. Die Struktur leitet sich vom tetraedrisch gebauten P_4-Molekül ab.

Tetraphosphordekaoxid (P_4O_{10}) ist ein weißes Pulver, das äußerst begierig Wasser anzieht. Es wird deshalb als Trockenmittel verwendet. Mit Wasser bildet Tetraphosphordekaoxid Phosphorsäure H_3PO_4.

$$P_4O_{10} + 6\,H_2O \rightarrow 4\,H_3PO_4$$

Phosphorsäure ist eine dreiprotonige Säure. Ihre Dissoziation in Wasser erfolgt in 3 Stufen:

1. Stufe:	$H_3PO_4 + H_2O \rightleftarrows H_2PO_4^- + H_3O^+$
2. Stufe:	$H_2PO_4^- + H_2O \rightleftarrows HPO_4^{2-} + H_3O^+$
3. Stufe:	$HPO_4^{2-} + H_2O \rightleftarrows PO_4^{3-} + H_3O^+$

Salze der Phosphorsäure

Die Salze der Phosphorsäure teilt man ein in primäre, sekundäre und tertiäre Phosphate. Beispiel:

Natriumdihydrogenphosphat NaH_2PO_4	primäres Phosphat
Dinatriumhydrogenphosphat Na_2HPO_4	sekundäres Phosphat
Trinatriumphosphat Na_3PO_4	tertiäres Phosphat

Lösliche Phosphate sind wertvolle Kunstdünger. Das am häufigsten in der Natur vorkommende Phosphat ist Phosphorit, ein tertiäres Calciumphosphat. Phosphorit ist wasserunlöslich. Mit konzentrierter Schwefelsäure werden große Mengen Phosphorit in wasserlösliches primäres Calciumphosphat übergeführt:

$$Ca_3(PO_4)_2 + 2\,H_2SO_4 \rightarrow Ca(H_2PO_4)_2 + 2\,CaSO_4$$

Das bei diesem „Aufschluss" gewonnene Gemisch aus Calciumdihydrogenphosphat und Calciumsulfat (Gips) wird fein vermahlen unter dem Namen „Superphosphat" als Düngemittel in den Handel gebracht.

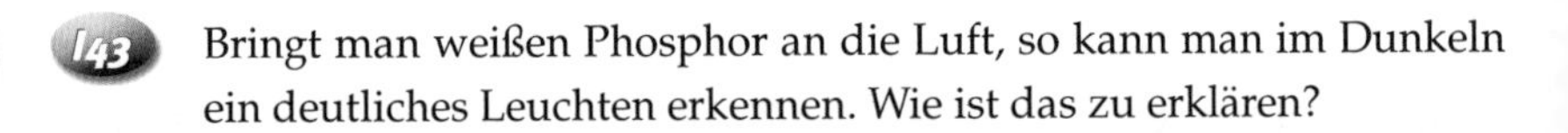

143 Bringt man weißen Phosphor an die Luft, so kann man im Dunkeln ein deutliches Leuchten erkennen. Wie ist das zu erklären?

144 Formuliere die Reaktionsgleichung für die Verbrennung von Phosphor an der Luft. Skizziere die Struktur der entstandenen Phosphorverbindung.

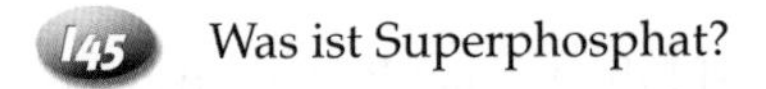

145 Was ist Superphosphat?

146 Skizziere die Elektronenstruktur des Phosphations.

147 Wie lauten die Formeln für das primäre, sekundäre und tertiäre Calciumphosphat?

7. VI. Hauptgruppe des PSE – Sauerstoffgruppe

Sauerstoff (O), Schwefel (S), Selen (Se), Tellur (Te) und Polonium (Po) bilden die VI. Hauptgruppe des PSE. Die wichtigsten Elemente dieser Hauptgruppe sind Sauerstoff und Schwefel. Das Element Sauerstoff wurde bereits im Kapitel H 3.2 als Bestandteil der Luft besprochen.

7.1 Schwefel

7.1.1 Elementarer Schwefel

Schwefel ist ein Nichtmetall, das in mehreren Modifikationen auftreten kann. Die einzige bei Raumtemperatur auf Dauer beständige Form ist der rhombische Schwefel. Er besteht aus ringförmigen S_8-Molekülen, die in einem Molekülgitter regelmäßig angeordnet sind und rhombische Kristalle bilden. Bei Temperaturen zwischen 95,5 und 119 °C bildet sich monokliner Schwefel. Auch er besteht aus S_8-Ringmolekülen, die jedoch im Molekülgitter anders als beim rhombischen Schwefel angeordnet sind.

rhombischer Schwefel

monokliner Schwefel

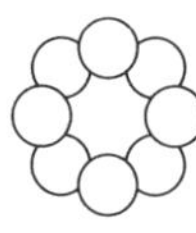

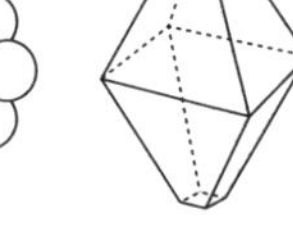

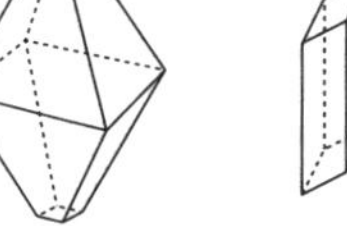

Abb. 52
Modifikationen des Schwefels

Erhitzt man Schwefel, so schmilzt er bei 119 °C. Die Schmelze ist dünnflüssig und hellgelb. In dieser Schmelze sind S_8-Moleküle frei beweglich. Bei weiterem Erhitzen geht der Schwefel bei 160 °C in eine schwarzrote zähflüssige Masse über. Die S_8-Moleküle spalten sich auf und vereinigen sich zu langen Ketten (bis zu 10^6 Schwefelatome in einer Kette!). Bei 400 °C wird die Schmelze wieder dünnflüssig; die langen Ketten sind in viele kleine Teile zerbrochen. Bei der Siedetemperatur (444 °C) liegen erneut S_8-Moleküle vor.

Gießt man den auf über 400 °C erhitzten Schwefel in kaltes Wasser, so erstarrt er. Der entstandene „plastische Schwefel“ ist gummiartig. Er besteht aus schraubenförmig angeordneten langen Schwefelketten. In wenigen Minuten wandelt sich dieser Schwefel aber wieder in die bei Zimmertemperatur einzig beständige Form des rhombischen Schwefels um.

plastischer Schwefel

7.1.2 Schwefeldioxid, schwefelige Säure

Schwefel brennt mit blauer Flamme. Dabei entsteht ein farbloses, stechend riechendes Gas, Schwefeldioxid SO_2 mit der Oxidationszahl des Schwefels +IV.

$$S + O_2 \rightarrow SO_2; \qquad \Delta H = -297 \text{ kJ}$$

SO_2 löst sich gut in Wasser. Dabei entsteht in einem chemischen Gleichgewicht schwefelige Säure H_2SO_3. SO_2 ist also das **Anhydrid** der schwefeligen Säure.

$$SO_2 + H_2O \rightleftarrows H_2SO_3$$

Sulfite

Schwefelige Säure ist nur in wässeriger Lösung beständig. Es ist nicht möglich, aus der wässerigen Lösung die wasserfreie Verbindung H_2SO_3 abzutrennen. Die Salze der schwefeligen Säure heißen Sulfite. Schwefelige Säure ist zweiprotonig. Es bilden sich daher zwei Reihen von Salzen, die Hydrogensulfite und die Sulfite, zum Beispiel:

$$H_2SO_3 + NaOH \rightarrow H_2O + \underset{\text{Natriumhydrogensulfit}}{NaHSO_3}$$

$$NaHSO_3 + NaOH \rightarrow H_2O + \underset{\text{Natriumsulfit}}{Na_2SO_3}$$

saurer Regen

Schwefeldioxid gelangt in großen Mengen mit dem Abgas fossiler Brennstoffe in die Atmosphäre. Besonders schwefelhaltig sind viele Braunkohlesorten. Das Schwefeldioxid (SO_2) hat nur eine kurze Verweildauer in der Luft, denn es wird durch den Luftsauerstoff zu Schwefeltrioxid (SO_3) weiteroxidiert, das maßgebend am Zustandekommen des „sauren Regens" beteiligt ist. In nebelreichen Gebieten mit hoher Schwefeldioxidemission entsteht so der saure Smog, der die Atemwege stark reizt. Wegen seines besonders häufigen Auftretens in der Umgebung der britischen Hauptstadt wird diese Art von Smog auch **„London-Smog"** genannt.

7.1.3 Schwefeltrioxid, Schwefelsäure

Schwefeldioxid SO_2 kann mit Sauerstoff in einer Gleichgewichtsreaktion zu Schwefeltrioxid SO_3 oxidiert werden. Schwefel hat hier die Oxidationszahl +VI.

$$2\,SO_2 + O_2 \rightleftarrows 2\,SO_3; \qquad \Delta H = -2 \cdot 98{,}5 \text{ kJ}$$

Das Gleichgewicht stellt sich bei niedrigen Temperaturen jedoch nur äußerst langsam ein. Bei hohen Temperaturen liegt aber das Gleichgewicht weitgehend auf der linken Seite. Man arbeitet deshalb in einem mittleren Temperaturbereich von 400–500 °C, bei dem Katalysatoren die Einstellung des Gleichgewichts mit guter Wirkung beschleunigen. Als Katalysatoren verwendet man fein verteiltes Platin bzw. großtechnisch fast ausschließlich V_2O_5 (Divanadiumpentoxid).

$$2\,SO_2 + O_2 \underset{400\text{–}500\,°C}{\overset{Kat}{\rightleftharpoons}} 2\,SO_3; \qquad \Delta H = -2 \cdot 98{,}5\ kJ$$

Gewinnung von Schwefelsäure

Dieses chemische Gleichgewicht liegt dem Kontaktverfahren zur großtechnischen Gewinnung von Schwefelsäure zugrunde. SO_3 ist das Anhydrid der Schwefelsäure.

Zur Schwefelsäuregewinnung werden große Mengen Schwefeldioxid benötigt. Man gewinnt es entweder durch Verbrennen von elementarem Schwefel (Abfallprodukt bei der Erdölreinigung) oder durch „Rösten" von Metallsulfiden. Beim Röstvorgang werden die Metallsulfide unter Luftzufuhr in Röstöfen erhitzt:

$$4\,FeS_2 + 11\,O_2 \rightarrow 2\,Fe_2O_3 + 8\,SO_2\uparrow; \qquad \Delta H = -8 \cdot 396\ kJ$$

Das so entstandene SO_2 wird gereinigt und dann im Kontaktkessel (Behälter mit dem Katalysator) in SO_3 übergeführt. Da SO_3 von Wasser nur schwach „angenommen" wird, leitet man es in konzentrierte Schwefelsäure, die es vollständig unter Bildung von Dischwefelsäure $H_2S_2O_7$ löst:

$$SO_3 + H_2SO_4 \rightarrow H_2S_2O_7$$

Durch entsprechende Wasserzugabe erhält man daraus reine Schwefelsäure:

$$H_2S_2O_7 + H_2O \rightarrow 2\,H_2SO_4$$

Reine („konzentrierte") Schwefelsäure ist eine ölige, farblose und relativ schwere Flüssigkeit (Dichte: 1,84 g/cm^3). Sie ist stark hygroskopisch, d. h., sie zieht begierig Wasser an. Sie kann deshalb für manche Gase als Trockenmittel verwendet werden.

Viele organische Stoffe werden durch konzentrierte Schwefelsäure zersetzt. Die Schwefelsäure entreißt diesen Verbindungen den gebundenen Wasserstoff und Sauerstoff als Wasser, wobei meist nur noch Kohlenstoff übrig bleibt.

$$\underset{\text{Rohrzucker}}{C_{12}H_{22}O_{11}} \xrightarrow{H_2SO_4} \underset{\text{Kohlenstoff}}{12\,C} + 11\,H_2O$$

(Die Schwefelsäure wird dabei durch das entstehende Wasser verdünnt.)

Beim Verdünnen von konzentrierter Schwefelsäure mit Wasser darf niemals das Wasser in die Säure gegossen werden. Durch die entstehende Hitze kann es nämlich zu gefährlichen Verspritzungen kommen. Beim richtigen Verdünnen wird Schwefelsäure in ganz kleinen Portionen vorsichtig in das Wasser gerührt, wobei eventuell sogar zwischendurch gekühlt werden muss.

Sulfate

Schwefelsäure ist eine zweiprotonige Säure. Sie kann als Salze deshalb Hydrogensulfate und Sulfate bilden:

$NaHSO_4$ Natriumhydrogensulfat Na_2SO_4 Natriumsulfat

Eine besondere Eigenschaft der konzentrierten Schwefelsäure (H_2SO_4) ist ihre oxidierende Wirkung. Sie kann deshalb viele Metalle, die von nicht oxidierenden Säuren (zum Beispiel Salzsäure) nicht angegriffen werden, auflösen:

$$2\,\overset{+I+VI-II}{H_2SO_4} + \overset{0}{Cu} \rightarrow \overset{+II+VI-II}{CuSO_4} + \overset{+IV-II}{SO_2} + 2\,\overset{+I-II}{H_2O}$$

Schwefel mit der Oxidationszahl +VI (in der Schwefelsäure) wird dabei teilweise zu Schwefel mit der Oxidationszahl +IV (im Schwefeldioxid) reduziert.

Schwefelsäure ist eine der wichtigsten Säuren in der chemischen Großindustrie. Der Verbrauch an Schwefelsäure kann als Maßstab für die Leistungsfähigkeit eines Industrielandes angesehen werden. Denn je mehr Schwefelsäure in einem Land verbraucht wird, desto größer sind die Menge und der finanzielle Wert der Industrieprodukte.

7.1.4 Schwefelwasserstoff, Sulfide

Schwefel und Wasserstoff verbinden sich bei höheren Temperaturen (500 °C) zu Schwefelwasserstoff H_2S:

$$H_2 + S \rightarrow H_2S; \qquad \Delta H = -20{,}7\ \text{kJ}.$$

Schwefelwasserstoff ist ein nach faulen Eiern riechendes, äußerst giftiges, farbloses Gas. Der Molekülbau ist ähnlich wie beim Wasser gewinkelt. Wegen der geringen Elektronegativität des Schwefels sind die Dipoleigenschaften im Vergleich zum Wassermolekül nur ganz schwach ausgebildet.

Schwefelwasserstoff löst sich in Wasser (Schwefelwasserstoffwasser). In wässeriger Lösung ist Schwefelwasserstoff eine sehr schwache zweiprotonige Säure. Ihre Salze nennt man Sulfide.

$$H_2S \xrightleftharpoons{H_2O} H^+_{(aq)} + \underset{\text{Hydrogensulfidion}}{HS^-_{(aq)}}$$

$$HS^-_{(aq)} \xrightleftharpoons{H_2O} H^+_{(aq)} + \underset{\text{Sulfidion}}{S^{2-}_{(aq)}}$$

Die unterschiedlich langen Gleichgewichtspfeile geben an, dass Schwefelwasserstoff als sehr schwache Säure in Wasser nur wenig dissoziiert. Der größte Teil des gelösten Schwefelwasserstoffs liegt in Form undissoziierter H_2S-Moleküle vor.

Schwefelwasserstoff spielt in der analytischen Chemie, die sich mit den in einem Stoff enthaltenen Bestandteilen befasst, eine wichtige Rolle im Labor: Beim Einleiten von H_2S in Lösungen von Schwermetallsalzen bilden sich häufig Niederschläge, deren Farben auf ganz bestimmte Metalle hinweisen. Den dazu nötigen Schwefelwasserstoff stellt man im Labor durch Einwirken von verdünnter Salzsäure auf Eisensulfid FeS (Schwefeleisen) her:

$$FeS + 2\,HCl \rightarrow FeCl_2 + H_2S\uparrow$$

MAK-Wert

In der Atemluft wirkt Schwefelwasserstoff als Atemgift. Schon geringe Konzentrationen können tödlich wirken. Der **MAK-Wert** (**m**aximale **A**rbeitsplatz-**K**onzentration) von Schwefelwasserstoff liegt bei 10 cm^3 in einem Kubikmeter (= 1 000 000 cm^3); solche niedrigen Konzentrationen werden heute als ppm (**p**arts **p**er **m**illion) angegeben. Der MAK-Wert gibt die Konzentration eines schädlichen Gases am Arbeitsplatz an, die bei täglicher achtstündiger Arbeitszeit noch keine Gesundheitsschäden erwarten lässt.

Aufgaben

148 Skizziere die Elektronenstruktur eines S_8-Moleküls.

149 Schwefel kommt in der Natur elementar als rhombischer Schwefel vor. Beschreibe die Struktur dieses Schwefels.

150 Was ist plastischer Schwefel?

151 Was bedeutet: SO_2 ist das Anhydrid der schwefeligen Säure?

152 Formuliere die möglichen Reaktionen von Kalilauge mit schwefeliger Säure.

153 Wie kann man das zur Schwefelsäureherstellung nötige SO_2 gewinnen?

154 Zeige an einem Reaktionsbeispiel die oxidierende Wirkung von konzentrierter Schwefelsäure.

155 Viele organische Stoffe werden durch konzentrierte Schwefelsäure zersetzt. Wie ist das zu erklären?

156 Was bedeutet: Schwefelwasserstoff hat einen MAK-Wert von 10 ppm?

157 Welche Eigenschaften hat eine wässerige Lösung von Schwefelwasserstoff?

158 Gib zwei Möglichkeiten für die Herstellung von Schwefelwasserstoff an. Schreibe die Reaktionsgleichungen!

159 Warum kann schwefelige Säure nicht wasserfrei hergestellt werden? (Diese Aufgabe ist zum Knobeln; du schaffst sie aber sicher!)

160 Warum liegt bei hoher Temperatur das Gleichgewicht bei der Bildung von Schwefeltrioxid aus Schwefeldioxid und Sauerstoff auf der Seite der Ausgangsstoffe?

161 Die Moleküle von Wasser und Schwefelwasserstoff sind ähnlich gebaut. Die Siedetemperaturen beider Verbindungen unterscheiden sich jedoch erheblich (Wasser 100 °C; Schwefelwasserstoff –60,75 °C). Wie ist die Differenz von ca. 160 °C zu erklären?

8. VII. Hauptgruppe des PSE – Halogene

Fluor (F), Chlor (Cl), Brom (Br), Iod (I) und das radioaktive Astat (At) bildet die VII. Hauptgruppe des PSE.

Halogen = Salzbildner

Halogenide

Alle Halogene haben auf der Außenschale 7 Elektronen, sodass ihnen zum sehr stabilen Elektronenoktett nur noch 1 Elektron fehlt. Mit Metallen, die dazu neigen, ihre wenigen Elektronen auf der Außenschale abzugeben, bilden sie leicht Ionenverbindungen. Die so entstandenen Salze werden Halogenide genannt.

Besonders heftig reagieren die Halogene mit den Alkalimetallen. Das wichtigste Alkalihalogenid ist das Natriumchlorid NaCl (Kochsalz). Es kommt in riesigen Mengen gelöst in den Weltmeeren und als Mineral (Steinsalz) in ausgebreiteten Salzlagerstätten vor.

Die Reaktionsfreudigkeit der Halogene ist mit dem Bestreben zu erklären, das noch fehlende Elektron zum Ausbau des Elektronenoktetts auf der äußersten Schale zu erreichen. Dieses Bestreben ist umso stärker ausgeprägt, je näher sich die Schale mit den 7 Außenelektronen am positiv geladenen Atomkern befindet. Fluor als kleinstes Halogenatom hat also das größte Bestreben, ein Elektron in seine Außenschale einzubauen. Bei Chlor ist dieses Bestreben immer noch sehr hoch, aber nicht ganz so ausgeprägt wie beim Fluor. Über Brom zum Iod nimmt die Tendenz zur Elektronenaufnahme auf der Außenschale weiter ab.

Leitet man elementares Chlor in eine Lösung, die Bromidionen enthält, so wird elementares Brom freigesetzt (Braunfärbung), weil das Chlor dem Bromidion ein Elektron entreißt und dadurch selbst zum Chloridion wird:

$$Cl_2 + 2\,Br^- \rightarrow 2\,Cl^- + Br_2$$

Die Reaktion von elementarem Chlor mit Iodidionen verläuft ebenso:

$$Cl_2 + 2\,I^- \rightarrow 2\,Cl^- + I_2$$

Auf die gleiche Weise kann mit elementarem Brom aus einer Iodidlösung elementares Iod freigesetzt werden:

$$Br_2 + 2\,I^- \rightarrow 2\,Br^- + I_2$$

Überblick über die Halogene (ohne das äußerst seltene Astat):

	Fluor (F)	**Chlor (Cl)**	**Brom (Br)**	**Iod (I)**
Erscheinungsbild bei 20 °C	schwach gelbes Gas; äußerst aggressiver Geruch; äußerst stark ätzend	gelbgrünes Gas; stechender atembeklemmender Geruch; stark ätzend	braune Flüssigkeit; erstickend riechend; stark ätzend	metallisch glänzende Schuppen; ätzend
Giftigkeit	sehr groß	sehr groß	sehr groß	mäßig groß
Siedetemperatur	–188 °C	–34 °C	+58,8 °C	+185,2 °C
Farbe als Gas	schwach gelb	gelbgrün	rotbraun	violett
Reaktionsfähigkeit	äußerst stark	sehr stark	stark	mittelstark
Nächste erreichbare Edelgasschale	Neon	Argon	Krypton	Xenon
Halogenid	Fluorid	Chlorid	Bromid	Iodid

Aufgaben

162 Welche Aggregatzustände haben die elementaren Halogene bei 20 °C?

163 Aus den Elementen sollen die Verbindungen $NaCl$; $CaCl_2$; $FeBr_3$; ZnI_2 hergestellt werden. Wie lauten die Reaktionsgleichungen?

164 Warum kommen die Halogene nicht elementar in der Natur vor?

165 Warum ist Chlor noch reaktionsfähiger als Brom?

166 Mit welchen Elementen reagieren Halogene besonders gut? Begründe deine Meinung.

167 Warum kann man mit elementarem Brom aus einer Iodidlösung elementares Iod freisetzen, nicht aber elementares Chlor aus einer Chloridlösung?
(Diese Aufgabe ist zum Knobeln; du schaffst sie aber sicher!)

168 Fluor ist das reaktionsfähigste aller Elemente. Es kann nicht mithilfe anderer Substanzen freigesetzt werden. Wie ist es trotzdem möglich, elementares Fluor herzustellen?

9. VIII. Hauptgruppe des PSE – Edelgase

Helium (He), Neon (Ne), Argon (Ar), Krypton (Kr), Xenon (Xe) und das radioaktive Radon (Rn) bilden die Gruppe der Edelgase (*vgl. Kapitel H 3.3*).

Alle Edelgase kommen in unterschiedlichen Konzentrationen in der Luft vor. Mit fast 1 % Volumenanteil kommt das Argon am häufigsten vor (0,93 %). Alle anderen Edelgase sind wesentlich seltener: Neon (0,0016 %), Helium (0,0005 %), Krypton (0,0001 %), Xenon (0,000009 %) und Radon ($6 \cdot 10^{-18}$ %). Die Edelgase sind farb-, geruch- und geschmacklos.

Edelgasschale

Alle Edelgase haben auf ihrer Außenschale 8 Elektronen (Ausnahme Helium mit 2 Elektronen). Diese „Edelgasschale“ ist energetisch besonders günstig. „Achterschalen“ sind äußerst stabil. Das Bestreben, chemische Verbindungen einzugehen, ist deshalb sehr gering. Edelgase kommen daher auch nur in atomarem Zustand vor. Sie verbinden sich nicht wie andere elementare Gase untereinander zu Molekülen. Lange Zeit hielt man chemische Verbindungen von Edelgasen überhaupt für unmöglich. 1962 jedoch gelang es erstmals, unter besonderen Bedingungen chemische Verbindungen der „schweren Edelgase“ Krypton und Xenon herzustellen. XeF_2, XeF_4, $XeCl_2$, XeO_3, KrF_2 und KrF_4 sind Beispiele für Edelgasverbindungen.

Warum kommen Edelgase in der Natur nur atomar vor?

Argon wird als Schutzgas beim elektrischen Schweißen verwendet. Wie erklärst du dir diese Wirkung?

Warum ist Helium zum Füllen von Luftschiffen besser geeignet als Wasserstoff?

Metalle

Allgemeine Metalleigenschaften wurden schon im Kapitel E 3 besprochen. Viele Hauptgruppenelemente und alle Nebengruppenelemente des PSE sind Metalle. Die Begriffe edle und unedle Metalle beziehen sich auf das chemische Verhalten. Edelmetalle wie zum Beispiel Gold, Silber, Quecksilber, Platin sind schwer oxidierbar, sie reagieren nicht mit Salzsäure und können nur durch stark oxidierende Säuren in Lösung gebracht werden. Kupfer wird als halbedles Metall bezeichnet. Es wird zwar nicht von Salzsäure angegriffen, wird aber durch konzentrierte heiße Schwefelsäure oxidiert. Unedle Metalle sind leicht oxidierbar und reagieren mit Salzsäure unter Bildung von Wasserstoff.

Die ältesten metallenen Gebrauchsgegenstände, die man gefunden hat, bestanden aus Kupfer. Vor 6000 Jahren begann im Nordosten des Iran die „erste Industrie der Welt“ mit der Herstellung von Hacken, Äxten, Tellern und Schüsseln aus diesem Metall – und damit die Kupferzeit. Das rötliche Kupfer wurde damals wahrscheinlich mithilfe von holzbeheizten Töpferöfen aus Kupfererzen gewonnen, da es nur sehr selten in reiner Form vorkommt. Es ließ sich mit einfachen Werkzeugen bearbeiten, weil es ein recht weiches Metall ist. Ein anderes Metall – Eisen – kommt als reiner Stoff nur in Meteoriten vor. Es wurde früher deshalb auch „Metall des Himmels“ genannt. Auf der Erde würde reines Eisen schnell verrosten. Auf und unter dem Erdboden kommt es deshalb nur in Eisenerz vor.

1. Legierungen

Viele Metalle lassen sich mit anderen Metallen verschmelzen.

Gemische aus mindestens zwei verschiedenen Metallen nennt man Legierungen.

Durch das Legieren können die chemischen und physikalischen Eigenschaften der Ausgangsmetalle oft wesentlich verändert werden. Manchmal können auch geringe Zusätze von Nichtmetallen wie zum Beispiel Kohlenstoff, Silicium, Stickstoff, Phosphor oder Schwefel ganz bestimmte Eigenschaften bewirken.

Leicht- und Schwermetalle

Metalle und Metalllegierungen mit einer geringeren Dichte als 4,5 g/cm^3 bezeichnet man als Leichtmetalle. Metalle und Legierungen mit einer höheren Dichte werden Schwermetalle genannt.

Viele der wichtigsten Werkmetalle sind Legierungen:

Legierung	Bestandteile	Verwendung
Bronze	80–90 % Kupfer 10–20 % Zinn	Glockenguss, Gussmetall für Kunstgegenstände
Messing	60–70 % Kupfer 30–40 % Zink	Maschinenteile, Armaturen, wissenschaftliche Geräte
Duralumin	94 % Aluminium 4 % Kupfer 1 % Magnesium 0,5 % Mangan 0,5 % Silicium	hartes Leichtmetall für Flugzeugbau, Bootsbau, Druckdosen, Haushaltsgeräte
V2A-Stahl	75 % Eisen 15 % Chrom 10 % Nickel	Bestecke, Geräte, Panzerplatten

2. Metallherstellung

Eisen (Fe), Aluminium (Al), Kupfer (Cu), Zink (Zn), Blei (Pb) gehören zu den wichtigsten Werkmetallen. Manche dieser Metalle kommen in der Natur in geringer Menge gediegen, also rein, vor (z. B. Cu, Pb). Die Hauptvorkommen bestehen aber aus chemischen Verbindungen. Meist sind es oxidische oder sulfidische Erze. Um daraus die Metalle elementar zu gewinnen, ist also eine Reduktion (Sauerstoffentzug) nötig. Die sulfidischen Erze werden dazu zunächst durch Rösten in Oxide übergeführt.

Erze

Beispiel für einen Röstvorgang:

$$2\,PbS + 3\,O_2 \rightarrow 2\,PbO + 2\,SO_2$$

Zur Reduktion der Metalloxide verwendet man in der Technik meistens Kohlenstoff, der zuvor zum ebenfalls reduzierenden Kohlenstoffmonooxid verbrannt wird:

$$PbO + CO \rightarrow Pb + CO_2$$

Kohlenstoffmonooxid kann als Gas mit den zu reduzierenden Metalloxiden wesentlich besser in Kontakt treten als der feste Kohlenstoff. Das Kohlenstoffmonooxid „umspült" gleichsam die Metalloxide.

3. Hochofenprozess

Eisen gehört zu den wichtigsten Werkstoffen unserer Zeit. Da Eisen jedoch in der Natur nur sehr selten als reines Metall vorkommt, muss dieser Stoff aus Erzen gewonnen werden. Dazu wird das Erz mit Koks (Kohlenstoff) in einem Hochofen geschmolzen. Wie die Eisengewinnung im Einzelnen vor sich geht, soll kurz aufgezeigt werden.

Der etwa 40 Meter hohe Hochofen wird von oben her abwechselnd mit sogenanntem Möller (= Erz + Zuschlag) und Koks beschickt. Der Zuschlag soll Verunreinigungen (Gesteinsreste) des Erzes binden. Der Zuschlag zum Erz besteht meist aus Kalkstein ($CaCO_3$). Diese Schichten wandern während des Prozesses langsam nach unten. Von unten her wird „Wind" (Heißluft) eingeblasen, der sich im Laufe des Prozesses chemisch verändert und oben als „Gichtgas" den Hochofen wieder verlässt. „Gicht" nennt man den oberen Teil des Hochofens.

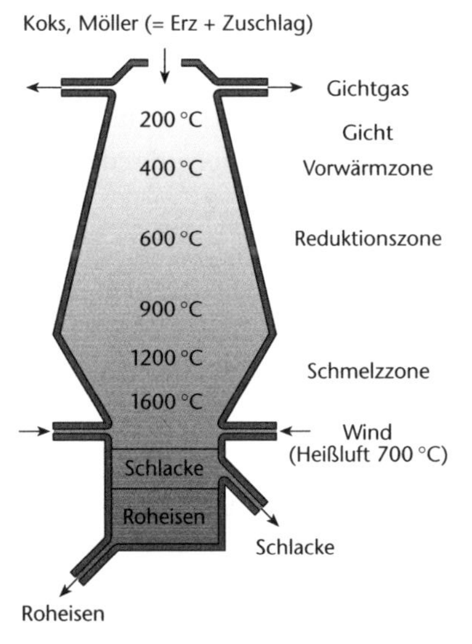

Abb. 53
Schema eines Hochofens

Bei Temperaturen von 200–400 °C werden die festen Stoffe im oberen Bereich des Hochofens durch aufsteigende heiße Gase erst einmal getrocknet und vorgewärmt (Vorwärmzone). In der Reduktionszone (zwischen 400–900 °C) beginnt die Reduktion der Eisenoxide zu festem Roheisen. Wenn 1200–1500 °C erreicht sind, schmilzt das entstandene Roheisen. Dabei nimmt es Kohlenstoff auf (Schmelzzone).

Der heiße „Wind", der von unten in den Hochofen geblasen wird, liefert den Sauerstoff für die Koksverbrennung. Die Temperatur im unteren Bereich des Hochofens beträgt ca. 1600 °C.

Schlacke Auf dem Roheisen schwimmt Schlacke. Schlacke ist der Rückstand, der bei der Verbrennung (von Koks) entsteht. Es handelt sich dabei um ein glasartiges Silicatgemisch von komplizierter Zusammensetzung. Sie schützt das Roheisen vor dem oxidierenden Gebläsewind. Ein Teil der Schlacke fließt ständig durch eine Rinne ab. Das flüssige Roheisen sammelt sich unten im Hochofen. Hier wird es alle drei bis fünf Stunden durch eine Öffnung abgelassen (abgestochen).

Die chemischen Vorgänge, die sich im Hochofen abspielen, sollen im Folgenden dargestellt werden.
Durch die einströmende Heißluft verbrennt Koks zunächst zu CO:

$$2\,C + O_2 \rightarrow 2\,CO; \qquad -\Delta H$$

Die darüberliegende Erzschicht wird vom aufsteigenden Kohlenstoffmonooxid reduziert:

$$Fe_2O_3 + 3\,CO \rightarrow 2\,Fe + 3\,CO_2; \qquad -\Delta H$$

In der nächsten Koksschicht wird das entstandene Kohlenstoffdioxid wieder zu Kohlenstoffmonooxid reduziert:

$$CO_2 + C \rightleftarrows 2\,CO; \qquad +\Delta H$$

Diese Vorgänge wiederholen sich in den weiter folgenden Schichten mehrmals. In weniger heißen Zonen des Hochofens zerfällt Kohlenstoffmonooxid nach obiger Gleichgewichtsreaktion in Kohlenstoffdioxid und Kohlenstoff. Der sehr fein verteilte Kohlenstoff wirkt ebenfalls reduzierend. Ein Teil dieses Kohlenstoffs löst sich im schmelzenden Eisen. Dadurch wird die Schmelztemperatur des Eisens auf 1100–1200 °C gesenkt (Schmelztemperatur des reinen Eisens: 1539 °C).

In der Hochofenhitze zerfällt der Kalkstein ($CaCO_3$, Zuschlag zum Erz) in Calciumoxid und Kohlenstoffdioxid:

$$CaCO_3 \rightarrow CaO + CO_2$$

Das entstandene Calciumoxid verbindet sich mit der Gangart zu Schlacke. Gangart ist das „taube", nicht eisenhaltige Gestein, mit dem das Erz vermischt ist.
Schlackenbildung stark vereinfacht:

$$SiO_2 + CaO \rightarrow CaSiO_3$$

Quarz + Calciumoxid → Calciumsilicat (Schlacke)

4. Gusseisen – Stahl

Das den Hochofen verlassende Roheisen enthält ca. 3–4 % Kohlenstoff sowie Verunreinigungen wie Silicium, Schwefel, Phosphor und Mangan. Dieses Eisen lässt sich leicht gießen, es ist aber spröde und bricht bei starken Stößen. Das sogenannte Gusseisen kann nicht geschmiedet werden, weil es beim Erhitzen schmilzt, ohne vorher weich oder verformbar zu werden.

Gusseisen

Verringert man den Kohlenstoffgehalt des Eisens auf unter 1,7 % und entfernt die Verunreinigungen, so erhält man Stahl. Stahl ist schmiedbar, hart und elastisch. Zur Verminderung des Kohlenstoffgehaltes und zur Entfernung der Verunreinigungen des Roheisens wurden mehrere Verfahren entwickelt, die aber alle darauf hinauslaufen, den Kohlenstoff und die anderen Beimengungen entweder durch Einblasen von Luft in die Roheisenschmelze (**Windfrischverfahren**) oder durch Aufblasen von reinem Sauerstoff auf die Schmelze (**LD-Verfahren**) zu oxidieren. Besonders das LD-Verfahren (benannt nach den österreichischen Industrieorten Linz-Donawitz) liefert sehr hochwertige Stähle und ist inzwischen das verbreitetste.

Stahl

Verfahren zur Stahlgewinnung

Ein weiteres Verfahren zur Stahlgewinnung war das Verschmelzen des Roheisens in einem trogartigen Herd mit verrostetem Eisenschrott (**Herdfrischverfahren** im SIEMENS-MARTIN-Ofen). Über das Schmelzgut strichen lufthaltige Flammengase und oxidierten so den Kohlenstoff und die anderen unerwünschten Beimengungen. Der letzte SIEMENS-MARTIN-Ofen wurde 1993 stillgelegt.

Stahl kann in seinen Eigenschaften durch Verschmelzen (Legieren) mit anderen Metallen stark beeinflusst und so den einzelnen technischen Anforderungen angepasst werden. So ist zum Beispiel V2A-Stahl (*siehe Tabelle in Kapitel J 1*) nicht rostend und säurebeständig. Er eignet sich besonders gut zur Herstellung von Bestecken und Laborgeräten.

5. Elektrolytische Metallgewinnung

Für besonders unedle Metalle (z. B. Na, K, Ca, Mg, Al) ist Kohlenstoff als Reduktionsmittel ungeeignet. Häufig gewinnt man dann die Metalle durch eine Schmelzflusselektrolyse, wobei die Metallionen an der Kathode reduziert werden. Das wohl wichtigste Beispiel ist die großtechnische Gewinnung von Aluminium (*siehe Kapitel I 4*).

Aufgaben

Was sind unedle Metalle, was sind Edelmetalle?

Was ist eine Legierung? Nenne zwei typische Legierungen.

J03 Was sind Erze?

J04 Nenne die Grundprinzipien der Metallgewinnung.

J05 Was ist Rösten? Gib ein Beispiel für einen Röstvorgang.

J06 Nenne das Reduktionsmittel beim Hochofenprozess.

J07 Welche Bedeutung hat der „Zuschlag“ beim Hochofenprozess?

J08 Was ist Gusseisen?

J09 Was ist Stahl?

J10 Was ist das chemische Hauptproblem bei der Stahlerzeugung?

J11 Was versteht man unter dem Begriff „Schmelzflusselektrolyse“?

J12 Verfolge die chemische Änderung des „Windes“ auf seinem Weg durch den Hochofen (Reaktionsgleichungen!).
(Diese Aufgabe ist zum Knobeln; du schaffst sie aber sicher!)

6. Spannungsreihe der Metalle

Alle Metalle haben auf ihren Außenschalen wenig Elektronen, die sie verhältnismäßig leicht abgeben können.

> Die Tendenz, Elektronen abzugeben, ist bei den verschiedenen Metallen unterschiedlich stark ausgeprägt.

Taucht man zum Beispiel einen Eisennagel in eine Lösung, die Kupferionen enthält, so überzieht sich der Nagel schon in ganz kurzer Zeit mit einer Schicht von elementarem Kupfer. Die zweifach positiven Kupferionen müssen also je 2 Elektronen aufgenommen haben. Dabei entstand elementares Kupfer. Diese Elektronen wurden von Eisenatomen abgegeben, die dadurch als zweifach positiv geladene Eisenionen in Lösung gingen.

$$Cu^{2+} + 2\,e^- \rightarrow Cu$$
$$Fe \rightarrow Fe^{2+} + 2\,e^-$$
$$\overline{Cu^{2+} + Fe \rightarrow Fe^{2+} + Cu}$$

Taucht man jedoch einen Kupferblechstreifen in eine Lösung, die Eisenionen enthält, so erfolgt keine Reaktion. Aus diesen Experimenten lässt sich der

Schluss ziehen, dass Eisen ein größeres Bestreben hat, Elektronen abzugeben, als Kupfer. Man kann auch sagen, Eisen zeigt eine größere Tendenz, in den Ionenzustand überzugehen, als Kupfer.

Vergleicht man auf die gleiche Art Kupfer und Silber, so zeigt sich, dass Kupfer seine Außenelektronen leichter abgibt als Silber. Beim Vergleich Eisen und Silber ergibt sich erwartungsgemäß, dass Eisen leichter in den Ionenzustand übergeht als Silber. Wie schon im Kapitel F 3 erläutert, ist Elektronenabgabe eine Oxidation und Elektronenaufnahme eine Reduktion.

Tauchen wir Kupferblech in eine Lösung, die Silberionen enthält, so schlägt sich auf dem Kupfer metallisches Silber nieder. Wie man an der zunehmenden Blaufärbung der Lösung erkennen kann, wird Kupfer dabei aufgelöst (Kupferionen sind in wässeriger Lösung blau).

Die Silberionen wurden durch das Kupfer also zu metallischem Silber reduziert. Das metallische Kupfer wurde durch die Silberionen oxidiert. Es handelt sich demnach um einen Redox-Vorgang.

Reduktion

$$2\,Ag^+ + Cu \rightarrow 2\,Ag + Cu^{2+}$$

Oxidation

Mithilfe einer Vielzahl vergleichender Experimente konnte man die Metalle so in einer Reihe ordnen, dass jedes Metall die Ionen der rechts von ihm stehenden Metalle reduziert. In diese Metallreihe hat man auch den Wasserstoff gestellt, der sich in seinen Redoxeigenschaften wie ein Metall verhält.

unedle – edle Metalle

Je weiter links ein Metall in dieser Reihe steht, umso stärker ist seine Reduktionswirkung. Die links stehenden Metalle lassen sich also besonders leicht oxidieren, das heißt, sie sind besonders unedel. Die weit rechts stehenden Metalle sind nur schwer oxidierbar, das heißt, sie sind besonders edel. Die Ionen der Edelmetalle sind deshalb sehr starke Oxidationsmittel.

Rangordnung wichtiger Metalle:

Li K Ca Na Mg Al Mn Zn Co Fe Ni Pb (H_2) Cu Ag Hg Pt Au

Das Bestreben eines Elements, Elektronen abzugeben, lässt sich auch in Zahlenwerten ausdrücken:

Taucht man zum Beispiel in eine 1-molare Kupfersulfatlösung ($CuSO_4$) einen Kupferstab und in eine 1-molare Zinksulfatlösung ($ZnSO_4$) einen Zinkstab und sorgt man dafür, dass beide Flüssigkeiten durch eine poröse Trennwand in Verbindung stehen, so kann man zwischen Kupfer und Zink eine elektrische Spannung von 1,10 Volt messen.

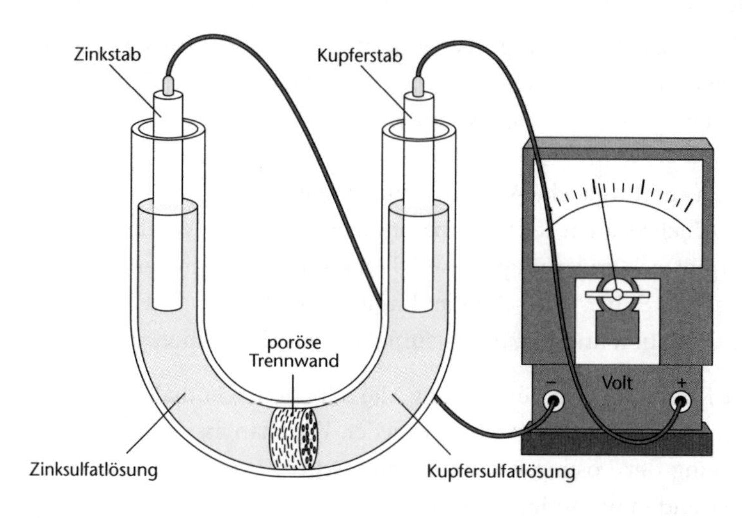

Abb. 54

Diese Versuchsanordnung stellt also eine Spannungsquelle dar. Man nennt sie auch ein **galvanisches Element**. Zink hat ein größeres Bestreben, Elektronen abzugeben, als Kupfer. Stellt man eine leitende Drahtverbindung zwischen den Metallen her, so fließen im Draht vom Zink zum Kupfer Elektronen. Die an der Zinkoberfläche in die Lösung tauchenden Zinkatome geben je 2 Elektronen ab. Die dabei entstehenden positiven Zinkionen Zn^{2+} lösen sich von der Metalloberfläche und gehen in die Lösung über.

$$Zn \rightarrow Zn^{2+} + 2\,e^-$$

Die Elektronen fließen über den Verbindungsdraht zum Kupfer. Positiv geladene Kupferionen (aus der Kupfersulfatlösung) nehmen diese Elektronen auf. Die Cu^{2+}-Ionen werden dabei entladen (neutralisiert).

$$Cu^{2+} + 2\,e^- \rightarrow Cu$$

Galvanisierung

Es entsteht metallisches Kupfer, das sich auf der Kupferoberfläche niederschlägt. In der Kupfersulfatlösung herrscht nun ein Überschuss an SO_4^{2-}-Ionen. Diese wandern in der Lösung durch die poröse Trennwand zur Zinksulfatlösung, wo sie die elektrischen Ladungen der neu entstandenen Zn^{2+}-Ionen ausgleichen.

In gleicher Weise lassen sich die Spannungsunterschiede aller Metalle sowie zwischen Metall und Wasserstoff messen.

Um das Bestreben eines Metalls, in den Ionenzustand überzugehen, in Spannungswerten ausdrücken zu können, braucht man eine Bezugsgröße. Man hat dafür den Wasserstoff gewählt und ihm willkürlich die Bezugsgröße ±0 Volt gegeben. Alle Metalle, die ein größeres Bestreben haben, in den Ionenzustand überzugehen, als Wasserstoff, erhalten zu ihrem Spannungswert ein negatives Vorzeichen.

Metalle, die „edler" als Wasserstoff sind, haben einen Wert mit positivem Vorzeichen. Die Größe des Spannungsunterschiedes zwischen zwei Metallen ist auch abhängig von der Konzentration der Lösungen, in die man die Metalle taucht. Man führt deshalb alle Messungen mit 1-molaren Lösungen durch. Die so für jedes Metall ermittelten Spannungswerte im Vergleich mit Wasserstoff nennt man **Standardelektrodenpotenzial**. Ordnet man die Metalle nach steigenden Werten ihrer Standardelektrodenpotenziale, so erhält man die Spannungsreihe der Metalle. Diese stimmt in ihrer Reihenfolge mit der schon oben festgelegten Reihe der Metalle überein.

Standardelektrodenpotenzial

Li	–3,05 V	Al	–1,66 V	Ni	–0,25 V	Ag	+0,80 V
K	–2,93 V	Mn	–1,18 V	Pb	–0,13 V	Hg	+0,85 V
Ca	–2,87 V	Zn	–0,76 V	(H_2)	±0 V	Pt	+1,20 V
Na	–2,71 V	Co	–0,74 V	Cu	+0,34 V	Au	+1,50 V
Mg	–2,36 V	Fe	–0,40 V				

Aus je zwei Metallen lässt sich ein galvanisches Element bilden. Die dabei auftretende Spannung ergibt sich aus dem Zahlenabstand der Standardelektrodenpotenziale.

Zink hat in der Spannungsreihe den Wert –0,76, Kupfer +0,34. Daraus ergibt sich zwischen Zink und Kupfer eine Spannung von 1,1 Volt.

Aufgaben

J13 Warum neigen Metalle zur Abgabe ihrer Außenelektronen?

J14 Warum leiten Metalle den elektrischen Strom?

J15 Warum wird ein Eisennagel verkupfert, wenn man ihn in Kupfersulfatlösung taucht?

J16 Was geschieht, wenn man ein Kupferblech in eine Eisensulfatlösung taucht? Begründe deine Aussage!

J17 Was versteht man unter der Spannungsreihe der Metalle?

J18 Welche Metalle entwickeln in Salzsäure Wasserstoff?

J19 Welche der folgenden Metalle werden in Salzsäure aufgelöst? Cu, Fe, Mg, Ag, Zn, Hg, Al; schreibe auch die Reaktionsgleichungen!

J20 Welche Spannungen haben galvanische Elemente mit folgenden Metallpaaren? Die Metalle tauchen jeweils in 1-molare Salzlösungen. Zn/Cu; Ag/Zn; Cu/Au. Wo befinden sich jeweils der Plus- und der Minuspol?
(Diese Ausgabe ist zum Knobeln; du schaffst sie aber sicher!)

J21 Warum ist es für die Funktion eines galvanischen Elementes notwendig, dass die beiden Salzlösungen über eine poröse Wand miteinander in Verbindung stehen?

J22 Es soll ein galvanisches Element mit einer Spannung von mehr als 1,5 Volt, aber weniger als 1,61 Volt gebildet werden. Die eine Elektrode ist Zink. Es sollen 1-molare Salzlösungen verwendet werden. Welche Metalle sind als Zweitelektrode geeignet? Begründe deine Aussage!

Lösungen

Seite 13

Kapitel A – Gemische und Reinstoffe

a) Granit ist ein Gemenge aus den drei festen Reinstoffen Feldspat, Quarz und Glimmer.
b) In Milch sind flüssige Reinstoffe (Fetttröpfchen in Wasser) vermischt.
c) Luft ist ein Gemisch aus gasförmigen Reinstoffen (Stickstoff, Sauerstoff, Edelgasen, Kohlenstoffdioxid).

Die beiden Substanzen Zucker und Kochsalz können durch eine Geschmacksprobe unterschieden werden. Achtung: Mit Chemikalien dürfen keine Geschmacksproben gemacht werden. Du kannst dich dabei verätzen oder vergiften!

Seite 14

Durch das heiße Wasser werden die löslichen Aroma-, Geschmacks- und Farbstoffe gelöst. Im Teebeutel bleiben die unlöslichen Bestandteile der Teeblätter zurück. Der Teebeutel wirkt wie ein Filter, ungelöste Substanzen werden zurückgehalten.

Man taucht einen Magneten in das pulverige Gemisch. Eisen bleibt im Gegensatz zu Schwefel am Magneten haften.

Platin hat eine wesentlich größere Dichte als Silber. Mithilfe einer Waage kann die schwerere Platinkugel gefunden werden.

Durch das Auflösen wurde der Zucker im Wasser in lauter winzige Stücke aufgeteilt. Die Zuckerteilchen sind so klein, dass sie zusammen mit dem Wasser ohne Weiteres durch die Poren des Filters dringen können.

Beim Zentrifugieren wird Milch in einer Zentrifuge in sehr schnelle Kreisbewegung gebracht. Durch die Zentrifugalkraft werden die schweren, wässerigen Bestandteile der Milch stärker nach außen geschleudert als die leichteren Fetttröpfchen. Das Fett sammelt sich im Zentrum des rotierenden Gefäßes.

Alkohol kann aus der Salzlösung verdampft (destilliert) werden. Man erhitzt dazu das Gemisch bis zur Siedetemperatur des Alkohols (78 °C). Die entweichenden Alkoholdämpfe werden in einem Kühler kondensiert und in einer Vorlage aufgefangen. Das zurückbleibende Salzwasser wird stärker erhitzt. Dadurch verdampft auch das Wasser, und als trockener Rückstand bleibt Kochsalz übrig.

Man verrührt das Gemisch mit Wasser. Kochsalz löst sich auf, der schwere Quarzsand sinkt zu Boden, und die leichten Korkstückchen schwimmen auf der Oberfläche des Wassers. Der Kork kann mit einem flachen Sieblöffel leicht abgeschöpft werden. Die zurückbleibende Salzlösung mit dem Quarzsand als Bodensatz wird filtriert. Quarz bleibt im Filter zurück. Das durchgelaufene Salzwasser (Filtrat) wird eingedampft. Nachdem das Wasser verdampft ist, bleibt Kochsalz übrig.

Seite 17

Kapitel B – Die chemische Reaktion

a) Physikalischer Vorgang. Gold wird als Stoff nicht verändert, es wird nur in eine andere äußere Form gebracht.
b) Chemischer Vorgang. Magnesiummetall wird durch die Verbrennung in einen neuen Stoff (weißes Pulver) übergeführt.

(Seite 17)

c) Physikalischer Vorgang. Zucker wird im Wasser durch den Lösevorgang in die kleinstmöglichen Zuckerteilchen aufgespalten. Diese Teilchen sind aber immer noch Zucker.
d) Chemischer Vorgang. Durch den Rostvorgang entsteht aus dem metallischen Eisen ein neuer Stoff mit anderen Eigenschaften.

B02

a) Durch den Aufprall zerbricht das Glasfläschchen. Dies ist ein physikalischer Vorgang; die Scherben bestehen aus Glas. Das Parfüm verdampft, das heißt, es geht in Gasform über. Dies ist ebenfalls ein physikalischer Vorgang. Das Parfüm ist vom flüssigen in den gasförmigen Zustand übergegangen.
b) Das Vergasen des Benzins und das Vermischen mit Luft sind physikalische Vorgänge. Die Verbrennung dieses Gemisches in den Zylindern des Motors ist ein chemischer Vorgang, bei dem Energie frei wird. Die Bewegung der Kolben durch den Explosionsdruck ist ein physikalischer Vorgang.

B03

Schwefel + Sauerstoff $\rightarrow$ Schwefeldioxid + Energie.

B04

Bei der Bildung von Schwefeldioxid aus Schwefel und Sauerstoff handelt es sich um eine Synthese. Aus den Elementen Schwefel und Sauerstoff wurde eine neue Verbindung aufgebaut.

Seite 20

Nach dem Gesetz von der Erhaltung der Masse entstehen aus 3 g Kohlenstoff und 8 g Sauerstoff 11 g Kohlenstoffdioxid.

B06

Die Beobachtung steht nicht im Widerspruch zum Gesetz von der Erhaltung der Masse. Das Eisen verbindet sich mit einem Teil der Luft (Sauerstoff) zu Eisenoxid. Die Masse des Eisenoxides ergibt sich aus der Summe der Masse des Eisens und der Masse des gebundenen Sauerstoffs.

Kapitel C – Teilchenstruktur der Materie

Seite 23

O = Sauerstoff, H = Wasserstoff, N = Stickstoff, Al = Aluminium, Fe = Eisen, Cu = Kupfer, Br = Brom, Au = Gold, Hg = Quecksilber, K = Kalium, Ca = Calcium, Pt = Platin, He = Helium.

C02

Silber = Ag, Zink = Zn, Neon = Ne, Kohlenstoff = C, Magnesium = Mg, Chlor = Cl.

C03

H_2 = Molekül, H_2O = Molekül, K = Atom, Br_2 = Molekül, Au = Atom, CO_2 = Molekül, CO = Molekül.

Seite 24

C04

$2\,H_2 + O_2 \rightarrow 2\,H_2O$ + Energie

C05

Fe_2O_3 = Dieisentrioxid; NO = Stickstoffmonooxid; NO_2 = Stickstoffdioxid; N_2O_4 = Distickstofftetraoxid.

Verbindung	Anzahl der Elemente
SO_2	2
C_2H_6	2
$NaHSO_4$	4
$Ca(HCO_3)_2$	4

(Seite 24)

Verbindung	Anzahl der Atome
H_2O	3
$ZnBr_2$	3
$CaCO_3$	5
$Ca(HCO_3)_2$	11
$CaSO_4$	6

Seite 25

Schwefel ist in der Verbindung H_2S zweiwertig.

Eine Verbindung aus Stickstoff und Wasserstoff mit dreiwertigem Stickstoff hat die chemische Formel NH_3.

$2\,Mg + O_2 \rightarrow 2\,MgO$ + Energie

Seite 26

Verbindung	Wertigkeit des Stickstoffs
NO	2
NO_2	4
N_2O_3	3
N_2O_5	5

$2\,Al + Fe_2O_3 \rightarrow Al_2O_3 + 2\,Fe$ + Energie

C13

$Mg + H_2O \rightarrow MgO + H_2$ + Energie

C14

Die Verbindung H_4O ist nicht möglich. Sauerstoff ist zweiwertig, Wasserstoff einwertig. Ein Sauerstoffatom kann deshalb nur zwei Wasserstoffatome binden (H_2O).

Seite 27

Die Atommasseneinheit u ist der zwölfte Teil der Masse eines Kohlenstoffatoms, das sind $\frac{1}{6{,}022 \cdot 10^{23}}$ g.

C16

Die Atommasse 15,9994 u von Sauerstoff gibt an, dass ein Sauerstoffatom eine 15,9994-mal größere Masse hat als der zwölfte Teil eines Kohlenstoffatoms.

C17

Die Molekülmasse von Schwefeldioxid (SO_2) errechnet sich wie folgt:

Atommasse des Schwefels:	= 32,066
2 × Atommasse des Sauerstoffs 2 · 15,9994:	= 31,9988
Die Molekülmasse von SO_2 ist die Summe der Atommassen	= 64,0648.

C18

Ein Wassermolekül hat die Masse $18{,}0153 \cdot \frac{1}{6{,}022 \cdot 10^{23}}$ g.

In 1000 g Wasser sind deshalb $1000\text{ g} : \frac{18{,}0153}{6{,}022 \cdot 10^{23}}\text{ g} = 3{,}3472 \cdot 10^{25}$ Wassermoleküle enthalten.

C19

Ein Natriumatom hat die Masse $22{,}9898 \cdot \frac{1}{6{,}022 \cdot 10^{23}}$ g. In 0,97 g Natrium sind $0{,}97\text{ g} : \frac{22{,}9898}{6{,}022 \cdot 10^{23}}\text{ g} = 2{,}54 \cdot 10^{22}$ Natriumatome enthalten.

Aneinandergereiht ergeben diese eine Länge von $2{,}54 \cdot 10^{22} \cdot 372$ pm $= 9{,}449 \cdot 10^{24}$ pm $= 9{,}449 \cdot 10^{9}$ km. Das sind 9 Milliarden und 499 Millionen Kilometer!

Seite 31

Ein Stoff geht dann vom gasförmigen in den flüssigen Zustand über, wenn die Anziehungkraft der Teilchen so stark wirken kann, dass diese sich nicht mehr beliebig voneinander entfernen können. Dies kann entweder durch Abkühlen oder Zusammenpressen des Gases erreicht werden. Den Vorgang nennt man Kondensieren.

C21

In einem festen Stoff sind die kleinsten Teilchen in einem Gitterverbund verankert. Die Bewegungsenergie der Teilchen reicht nicht aus, die gegenseitige Anziehungskraft zu überwinden. Will man einen festen Stoff schmelzen, so muss man die kinetische Energie (Bewegungsenergie) der Teilchen so stark erhöhen, dass diese die gegenseitige Anziehungskraft überwinden und dadurch ihre Gitterplätze verlassen können. Die Energiezufuhr erfolgt am einfachsten durch Erwärmen.

C22

Wassermoleküle, deren kinetische Energie einer höheren Temperatur als 100 °C entspricht, können die Flüssigkeit verlassen. Beim siedenden Wasser verlassen alle diese Moleküle die Flüssigkeit und gehen in die Gasphase über. In der Flüssigkeit verbleiben die Moleküle, deren kinetische Energie noch nicht groß genug ist. Wird weiter erhitzt, erreichen weitere Wassermoleküle die nötige Energie und verlassen die Flüssigkeit. Die Temperatur des flüssigen Wassers bleibt konstant. Weiter zugeführte Energie wird von den das Wasser verlassenden Molekülen als Verdampfungswärme mitgenommen.

Auf hohen Bergen ist der Luftdruck niedriger als in tieferen Lagen. Bei geringerem äußerem Druck können die Wassermoleküle die Flüssigkeit leichter verlassen als bei hohem Luftdruck. Auf hohen Bergen reicht deshalb schon eine Temperatur unter 100 °C aus, um Wasser zum Sieden zu bringen.

Seite 32

Die AVOGADROsche Zahl N_A lautet $6{,}022 \cdot 10^{23}$. Sie gibt die Zahl der kleinsten Teilchen an, die in 1 mol einer Substanz enthalten sind.

Ein Sauerstoffmolekül hat die Formel O_2. Seine Molekülmasse beträgt: $2 \cdot 15{,}9994$ u. 2 mol Sauerstoff haben deshalb die Masse

$$2 \cdot 31{,}9988 \cdot \frac{1}{6{,}022 \cdot 10^{23}} \text{ g} \cdot 6{,}022 \cdot 10^{23} = 63{,}9976 \text{ g}$$

Um 1 mol Kohlenstoff C in 1 mol Kohlenstoffdioxid CO_2 überzuführen, ist 1 mol Sauerstoff O_2 nötig. Das sind 31,9988 g Sauerstoff.

Seite 33

1 mol Wasser enthält $6{,}022 \cdot 10^{23}$ Wassermoleküle. Wenn in einer Sekunde 10^9 Teilchen gezählt werden, dann braucht man dazu $(6{,}022 \cdot 10^{23}) : 10^9$ Sekunden. Das sind $6{,}022 \cdot 10^{14}$ Sekunden. Ein Jahr hat 31 536 000 Sekunden. Man braucht also $6{,}022 \cdot 10^{14} : 31\,536\,000$ Jahre. Das sind $1{,}9 \cdot 10^7$ Jahre, also 19 Millionen Jahre!

Seite 36

1 mol Ag_2O zerfällt beim Erhitzen in 2 mol Ag und $^1/_2$ mol O_2. 1 mol eines Gases nimmt unter den Bedingungen des Normzustands 22,4 Liter ein. $^1/_2$ mol Sauerstoff sind also 11,2 Liter. Um diese Menge Sauerstoff zu gewinnen, ist also 1 mol Ag_2O notwendig. Das sind $107{,}87 \cdot 2 + 16 = 231{,}74$ g.

1 mol Wasserstoff hat die Masse 2 g und unter den Bedingungen des Normzustands (0°; 1013 hPa) das Volumen 22,4 Liter. 0,5 g Wasserstoff nehmen deshalb 5,6 Liter ein.

(Seite 36)

1 l einer 1-molaren Kochsalzlösung enthält 1 mol NaCl. Das sind 22,9898 g + 35,453 g = 58,4428 g Kochsalz. 250 ml enthalten demnach 14,6107 g Kochsalz.

Sauerstoff hat aufgerundet die molare Masse 16 g/mol und Wasserstoff die molare Masse 1 g/mol. 1 mol Wasser H_2O hat demnach eine Masse von 18 g. In 30 g Wasser sind also 30 g : 18 g = 1,666… mol Wassermoleküle enthalten.

C32 11,2 l Sauerstoff ($^1/_2$ mol) und 22,4 l Wasserstoff (1 mol) vereinigen sich zu 1 mol Wasser. Die Bildungswärme von 1 mol Wasser aus den Elementen beträgt 286,60 kJ.

C33 Um 1 mol Magnesium (24,3 g) zu verbrennen, sind 11,2 l Sauerstoff (= $^1/_2$ mol) nötig. $Mg + {}^1/_2\,O_2 \rightarrow MgO$. Um 15 g Magnesium zu verbrennen, braucht man $\frac{15\text{ g} \cdot 11{,}2\text{ l}}{24{,}3\text{ g}}$ = 6,91 l Sauerstoff.

C34 Die 1-molare Kochsalzlösung muss auf das zehnfache Volumen mit Wasser aufgefüllt werden. Zu den 250 ml 1-molarer Kochsalzlösung müssen also 9 · 250 ml = 2250 ml Wasser gegeben werden.

C35 $Mg + {}^1/_2\,O_2 \rightarrow MgO$

24,3 g Magnesium benötigen 16 g Sauerstoff zum Verbrennen. 5 g Magnesium benötigen $\frac{16 \cdot 5}{24{,}3}$ g, das sind 3,29 g.

$HgO \rightarrow Hg + {}^1/_2\,O_2$

Aus 216,59 g Quecksilberoxid können 16 g Sauerstoff gewonnen werden.

Um 3,29 g Sauerstoff zu erhalten, sind $\frac{216{,}59 \cdot 3{,}29}{16}$ g nötig. Das sind 44,54 g Quecksilberoxid.

C36 $Na + {}^1/_2\,Cl_2 \rightarrow NaCl$

23 g Natrium vereinigen sich mit 35,45 g Chlor (11,2 l) zu 58,45 g Kochsalz.

10 g Natrium benötigen deshalb $\frac{35{,}45 \cdot 10}{23}$ g = 15,41 g Chlor.

Es entstehen also 25,41 g Kochsalz.

15,41 g Chlor sind $\frac{15{,}41 \cdot 11{,}2}{35{,}45}$ l = 4,87 l Chlor.

Es verbleiben 45,13 l überschüssiges Chlor.

Seite 42

Kapitel D – Aufbau der Atome und gekürztes Periodensystem

D01 Der Kern bei Atomen besteht aus Protonen und Neutronen. Der Kern des Wasserstoffatoms besteht nur aus einem Proton.

D02 Die Elektronen befinden sich auf Elektronenschalen, die konzentrisch (d. h. mit gemeinsamem Mittelpunkt) um den Atomkern angeordnet sind.

Seite 43

D03 Die Elektronenschalen werden von innen nach außen als K, L, M, N, O usw. -Schale bezeichnet.

D04 Die Atome erscheinen nach außen hin neutral, weil die positiven Ladungen der Protonen im Atomkern durch gleich viele negative Ladungen der Elektronen in der Schale ausgeglichen werden.

(Seite 43)

Ein Elektron hat nur $\frac{1}{1837}$ der Masse eines Protons oder Neutrons. Die Elektronen tragen also kaum zur Gesamtmasse eines Atoms bei.

Nukleonen sind die Bausteine des Atomkerns: positiv geladene Protonen und ungeladene Neutronen.

Die Kernladungszahl gibt die Anzahl der Protonen im Atomkern an. Daraus ergibt sich die gleiche Anzahl von Elektronen in der Atomhülle.

Das Modell c) zeigt die richtige Anordnung der Elektronen. Die Besetzung der Elektronenschalen erfolgt von innen nach außen nach der Formel $2n^2$. Die innerste Schale kann also nur $2 \cdot 1^2 = 2$ Elektronen aufnehmen. Die nächste Schale ist mit $2 \cdot 2^2 = 8$ Elektronen voll besetzt. Für die dritte Schale bleiben deshalb nur 7 Elektronen übrig.

Der Atomkern des Fluors $^{19}_{9}F$ besteht aus 9 Protonen und 10 Neutronen.
Die 9 Elektronen sind im Fluoratom wie folgt verteilt: K-Schale: 2, L-Schale: 7.

$^{1}_{1}H$ besagt, dass das Wasserstoffatom mit der Massenzahl 1 und der Kernladungszahl 1 vorliegt.
$^{34}_{16}S$: Schwefel mit der Massenzahl 34 und der Kernladungszahl 16; daraus ergibt sich, dass sich im Kern neben 16 Protonen noch 18 Neutronen befinden.
$^{238}_{92}U$: Uran mit der Massenzahl 238 und der Kernladungszahl 92 (92 Protonen und 146 Neutronen).

Isotope sind Atome mit der gleichen Anzahl von Protonen, aber unterschiedlicher Anzahl von Neutronen im Atomkern.

Ein Nuklid ist eine Atomart mit bestimmter Protonenzahl und bestimmter Neutronenzahl.

Steckbrief:

Gesucht: Aluminiumatom

Merkmale:
- Anzahl der Protonen im Kern: 13
- Anzahl der Elektronen in der Hülle: 13
- Anzahl der Schalen: 3 (K, L, M)
- Anzahl der Elektronen auf der K-Schale: 2
- Anzahl der Elektronen auf der L-Schale: 8
- Anzahl der Elektronen auf der M-Schale: 3

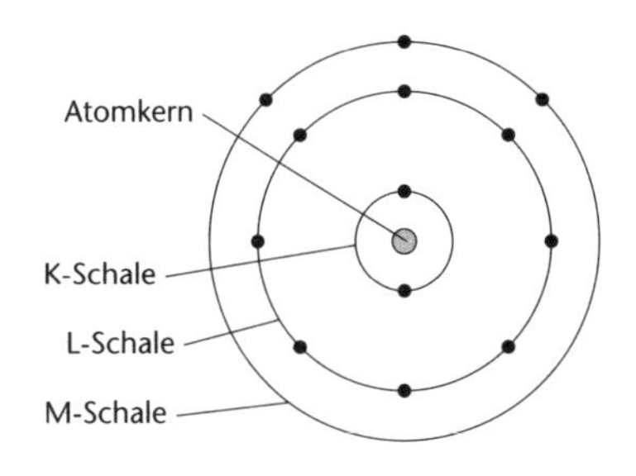

Seite 44

a) Der Atomkern des Nuklids $^{84}_{36}Kr$ besteht aus 36 Protonen und 48 Neutronen.

b) Die 36 Elektronen sind im Kryptonatom wie folgt verteilt: K-Schale 2; L-Schale 8; M-Schale 18; N-Schale 8.

Das Chlor tritt in der Natur in mehreren Atomarten auf, die zwar die gleiche Kernladungszahl, aber wegen der unterschiedlichen Anzahl von Neutronen im Atomkern verschiedene Massenzahlen aufweisen (Isotope). Der Wert 35,453 u ist ein Durchschnittswert aus den Atommassen der verschiedenen Chlor-Isotope.

(Seite 44) 

Die Atommasse von Deuterium ist zwar nur halb so groß wie die des Heliums, weil aber Deuterium als D_2-Molekül auftritt, Helium dagegen nur atomar vorkommt, haben beide „kleinste Teilchen" die Massenzahl 4 u. Der Auftrieb beider Ballone wäre deshalb gleich groß.

Seite 49

Elementfamilien zeigen deutliche Ähnlichkeiten in ihren physikalischen und chemischen Eigenschaften. Sie haben auf ihren Außenschalen die gleiche Anzahl von Elektronen. Typische Elementfamilien sind die Alkalimetalle (I. Hauptgruppe des PSE), die Halogene (VII. Hauptgruppe des PSE) und die Edelgase (VIII. Hauptgruppe des PSE).

Magnesium und Calcium sind Elemente der II. Hauptgruppe des PSE. Sie haben jeweils 2 Elektronen auf ihrer Außenschale. Zur gleichen Familie gehören die Elemente Beryllium (Be), Strontium (Sr), Barium (Ba) und Radium (Ra).

Element	Mg	C	S
maximale Wertigkeit gegenüber Sauerstoff	2	4	6
entsprechendes Oxid	MgO	CO_2	SO_3

Element	Li	C	N	S
maximale Wertigkeit gegenüber Wasserstoff	1	4	3	2
entsprechende Verbindung	LiH	CH_4	NH_3	H_2S

Metalle: Ba, Cs, Ga, Li, Ti;
Nichtmetalle: N, Br, S, C, F.

Die Elementgruppen ergeben sich aus der Zahl der Elektronen auf der Außenschale. Da aber auf der Außenschale sich bei jedem Atom höchstens 8 Elektronen befinden, ist nicht zu erwarten, dass weitere Elementgruppen entdeckt werden.

D23

Mendelejew wusste, dass das Eka-Silicium 4 Elektronen auf der Außenschale haben musste und deswegen zur Elementfamilie der Kohlenstoffgruppe gehörte. Aufgrund der bekannten Eigenschaften seiner „Familiennachbarn" Silicium und Zinn war Mendelejew in der Lage, Rückschlüsse auf die Eigenschaften des noch nicht entdeckten Eka-Siliciums zu ziehen.

Ergänzungen zu Tabelle auf Seite 40

Element	Symbol	Massenzahl	Anzahl der Neutronen
Schwefel	$^{32}_{16}S$	32	16
Chlor	$^{35}_{17}Cl$	35	18
Platin	$^{195}_{78}Pt$	195	117
Uran	$^{238}_{92}U$	238	146

Kapitel E – Chemische Bindungsarten und Oktettregel

Seite 55

E01

Alle Edelgase mit Ausnahme des Heliums haben auf ihrer äußeren Schale 8 Elektronen. Dieses Elektonenoktett bildet einen energiearmen und damit sehr stabilen Zustand. Atome mit einer vom Oktett abweichenden, instabilen Elektronenkonfiguration streben eine stabile Außenschale an, möglichst eine Edelgaskonfiguration (Elektronenoktett). Durch Eingehen chemischer Verbindungen mit anderen Atomen kann häufig ein stabilerer Zustand (meist ist es ein Elektronenoktett) erreicht werden.

Die Atome von Edelgasen haben eine sehr stabile Elektronenanordnung auf den Außenschalen. Durch Eingehen chemischer Verbindungen kann dieser stabile Zustand nicht weiter verbessert werden. Edelgase streben deshalb in der Natur keine chemischen Verbindungen an, auch nicht untereinander. Edelgase bleiben atomar.

Die Behauptung, Edelgase würden keine chemischen Verbindungen eingehen, ist nicht richtig. Unter extremen Bedingungen können im Labor Edelgasverbindungen hergestellt werden, zum Beispiel KrF_2 und XeF_4.

Ionen sind Atome oder Atomgruppen mit ein- oder mehrfachen elektrischen Elementarladungen. Ionen entstehen aus neutralen Atomen oder Molekülen durch Abgabe oder Aufnahme von Elektronen.

Eine Ionenbindung ist dann möglich, wenn zwei Reaktionspartner miteinander reagieren, von denen der eine durch Elektronenabgabe und der andere durch Elektronenaufnahme eine stabile Elektronenanordnung erreichen kann.

Positive und negative Ionen ziehen sich gegenseitig an und lagern sich in regelmäßigen Anordnungen zusammen (Kristallbildung). In einem solchen „Ionengitter" werden die Gitterplätze abwechselnd von positiven und negativen Ionen eingenommen. Ein typisches Ionengitter ist das Kochsalzgitter (*siehe Abb. 15*).

Beim Zusammenlagern von Ionen zum Ionengitter wird eine erhebliche Energiemenge frei. Diese Energie nennt man Gitterenergie.

Im Kochsalzgitter hat jedes positive Natriumion als nächste Nachbarn 6 negative Chloridionen und jedes Chloridion ist von 6 Natriumionen umgeben. Natriumionen und Chloridionen haben im Kochsalzgitter deshalb jeweils die Koordinationszahl 6.

Magnesium und Chlor reagieren miteinander unter Ausbildung einer Ionenbindung. Das Magnesium hat 2 Elektronen auf der Außenschale, die von 2 Chloratomen (jeweils 7 Elektronen auf der Außenschale) aufgenommen werden. Magnesium wird dadurch zum zweifach positiv geladenen Ion. Dessen nächstinnere Elektronenschale wird dadurch zur Außenschale. Diese Schale ist mit 8 Elektronen sehr stabil besetzt.
Die Chloratome erreichen durch Aufnahme von je 1 Elektron ebenfalls ein stabiles Elektronenoktett auf der Außenschale. Sie werden dadurch zu einfach geladenen negativen Chloridionen. Die positiven Magnesiumionen und die negativen Chloridionen lagern sich zu einem Ionengitter zusammen.

(Seite 55)

In Salzschmelzen und in Salzlösungen sind die positiven und negativen Ionen frei beweglich. Taucht man Elektroden in die Flüssigkeit, so wandern die positiven Ionen zur negativen Elektrode (Kathode) und nehmen dort Elektronen auf. Die negativen Ionen wandern zur positiven Elektrode (Anode) und geben dort Elektronen ab. Es erfolgt also ein Elektronentransport. Man kann auch sagen: Elektronen „fließen" in der Salzschmelze bzw. in der Salzlösung.

E11

Salze sind in Ionengittern aufgebaut. Bei der Entstehung des Gitters wurde eine große Energiemenge, die Gitterenergie, frei. Beim Schmelzen muss das Ionengitter zerstört werden. Dazu muss die vorher frei gewordene Gitterenergie in Form von Wärme wieder in das System eingebracht werden.

E12

Natriumchlorid kristallisiert im Ionengitter. Dabei ist jedes Natriumion von 6 Chloridionen und jedes Chloridion von 6 Natriumionen umgeben. Ein einzelnes NaCl-Molekül, das nur aus 1 Natriumatom und 1 Chloratom besteht, ist wegen der auftretenden Ionenbildung nicht möglich.

Seite 59

2 Atome können Elektronen besitzen, die paarweise ihren Elektronenhüllen gemeinsam angehören. Häufig erreichen dadurch beide Bindungspartner ein stabiles Elektronenoktett.

zum Beispiel F_2 :F̤̈ (:) F̤̈:

Chloratome haben auf der Außenschale 7 Elektronen. Um eine stabile Elektronenschale zu erreichen, fehlt nur noch 1 Elektron. Steht kein günstiger Reaktionspartner zur Verfügung, so reagieren die Chloratome untereinander, wobei sie ein zweiatomiges Molekül bilden, bei dem sich die beiden Atome 1 gemeinsames Elektronenpaar teilen. Auf diese Weise erreichen beide Chloratome ein stabiles Elektronenoktett.

:C̤̈l (:) C̤̈l:

Elementarer Sauerstoff besteht aus O_2-Molekülen. Die beiden Sauerstoffatome besitzen 2 gemeinsame Elektronenpaare.

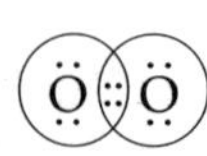

Elementarer Stickstoff besteht aus N_2-Molekülen. Die beiden Stickstoffatome besitzen 3 gemeinsame Elektronenpaare.

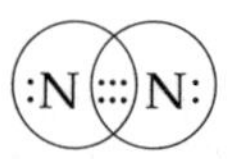

Werden bei einer Elektronenpaarbindung die gemeinsamen Elektronenpaare von einem Partner stärker angezogen als vom anderen, so entsteht eine Ladungsverschiebung. Das Molekül erhält dadurch auf einer Seite eine negative und auf der anderen Seite eine positive Teilladung.

E17

Fluorwasserstoff bildet HF-Moleküle. Fluor ist sehr stark elektronegativ, das heißt, es zieht Elektronen sehr stark an. Im Fluorwasserstoffmolekül trägt das Fluoratom deshalb eine negative Teilladung (δ^-) und das Wasserstoffatom eine positive Teilladung (δ^+).

δ^+ (H (:) F̤̈:) δ^-

(Seite 59)

Das Wasserstoffmolekül (H_2) ist nicht polar. Das gemeinsame Elektronenpaar wird von keinem Atom stärker angezogen als vom anderen. Das Sauerstoffmolekül ist ebenfalls nicht polar, obwohl Sauerstoff stark elektronegativ ist. Da beide Atome die gemeinsamen Elektronenpaare aber gleich stark anziehen, hebt sich die Wirkung auf. Chlorwasserstoff (HCl) ist polar. Chlor ist viel stärker elektronegativ als Wasserstoff. Das gemeinsame Elektronenpaar wird vom Chlor viel stärker angezogen. Am Chlor bildet sich deshalb eine negative, am Wasserstoff eine positive Teilladung.

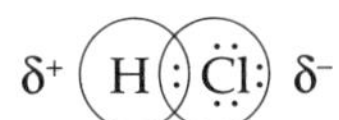

Sauerstoff ist stärker elektronegativ als Wasserstoff. Im Wassermolekül (H_2O) werden deshalb die gemeinsamen Elektronenpaare näher zum Sauerstoff gezogen. Da außerdem das Wassermolekül gewinkelt gebaut ist, kann sich diese Elektronenverschiebung nach außen hin auswirken.

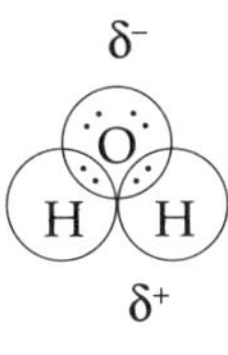

Wäre das Wassermolekül linear gebaut, dann würden sich die Teilladungen nach außen hin aufheben.

$$H^{\delta+}\ {}^{\delta-}\!:\ddot{\underset{\cdot\cdot}{O}}:^{\delta-}\ {}^{\delta+}H$$

Ionisierungsenergie ist diejenige Energie, die aufgewandt werden muss, um ein Elektron von einem Atom oder von einem Ion abzutrennen. Elektronenaffinität ist die Energie, die beim Einbau zusätzlicher Elektronen in die Elektronenhülle eines Atoms umgesetzt wird. Bei der Aufnahme nur eines Elektrons zur Bildung einer Edelgasschale wird Energie frei. Sind zum Erreichen einer Edelgasschale mehrere Elektronen nötig, dann wird Energie verbraucht, weil die Aufnahme weiterer Elektronen wegen der Abstoßung durch die schon vorhandene negative Ladung behindert wird. Elektronegativität ist nach LINUS PAULING das Bestreben eines Atoms, innerhalb eines Moleküls Elektronen von den Bindungspartnern anzuziehen.

Im Ammoniakmolekül NH_3 erreicht Wasserstoff die Elektronenkonfiguration des Edelgases Helium (2 Elektronen auf der ersten Schale). Stickstoff erreicht die Elektronenanordnung des Edelgases Neon (8 Elektronen auf der zweiten Schale). Stickstoff ist im Ammoniak von 4 Elektronenpaaren umgeben. Die Elektronenpaare stoßen sich gegenseitig ab und ordnen sich deshalb in den Ecken eines Tetraeders an. 3 der Elektronenpaare sind mit je 1 Wasserstoffatom „besetzt". Das Ammoniakmolekül hat deshalb die Form einer flachen Pyramide mit einem Dreieck als Grundfläche.

Seite 60

Magnesium und Sauerstoff reagieren miteinander unter Ausbildung eines Ionengitters aus zweifach positiv geladenen Magnesiumionen Mg^{2+} und zweifach negativ geladenen Sauerstoffionen O^{2-}. Für die Abspaltung der beiden Außenelektronen beim Magnesium muss zwar „Ionisierungsenergie" aufgewandt werden, ebenso ist für die Bildung des zweifach negativ geladenen Sauerstoffions Energie („Elektronenaffinität") nötig. Bei der Bildung des Ionengitters wird jedoch so viel Energie frei, dass in der Gesamtenergiebilanz die Reaktion von Magnesium mit Sauerstoff stark exotherm erscheint.

Seite 62

Metalle bilden ein Metallgitter. Im Metallgitter sind Metallionen zusammengelagert. In den Zwischenräumen befinden sich die von den Metallatomen abgegebenen Elektronen als „Elektronengas“. Diese Elektronen sind im Metallgitter frei verschiebbar, sie können im Metallgitter „fließen“.

E24

Metallgitter sind aus lauter gleichen Bausteinen (positiven Ionen) aufgebaut. Beim Verschieben von Gitterebenen treten keine neuen Bindungssituationen auf. Metalle können durch Verschieben der Gitterebenen verformt und deshalb auch zu Blechen ausgewalzt werden.

E25

Elektronen fließen im Eisendraht, wenn an seinen Enden eine elektrische Spannung angelegt wird. Die Elektronen bewegen sich dabei als „Elektronengas“ in den Zwischenräumen des Metallgitters, das von den Atomrümpfen des Eisens gebildet wird. Die Atomrümpfe sind nicht in Ruhestellung, sondern schwingen in Pendelbewegung um ihren Gitterplatz. Erhitzt man das Eisen, so wird diese Pendelbewegung stärker. Die schwingenden Atomrümpfe behindern mehr als vorher den Fluss der Elektronen vom Minuspol zum Pluspol der angelegten Spannung. Die elektrische Leitfähigkeit des Eisens nimmt daher ab.

Seite 64

Ein Molekülgitter entsteht, wenn sich Moleküle in regelmäßiger Anordnung zusammenlagern. Der Gitterverband wird durch zwischenmolekulare Kräfte zusammengehalten. Diese Kräfte können ihre Ursache im Dipolcharakter der Moleküle haben, es können aber auch nur die zwischen allen Molekülen schwach ausgebildeten VAN-DER-WAALSschen Kräfte für den Zusammenhalt ausschlaggebend sein.

E27

Kristalle, deren kleinste Teilchen aus unpolaren Molekülen bestehen, werden durch VAN-DER-WAALSsche Kräfte zusammengehalten. Diese Kräfte sind sehr klein. Die gebildeten Kristalle sind relativ weich und haben eine niedrige Schmelztemperatur.

E28

Die Bindungskräfte zwischen einzelnen Wassermolekülen ergeben sich aus dem ausgeprägten Dipolcharakter der Wassermoleküle. Die Wasserstoffatome mit positiver Teilladung werden von Sauerstoffatomen mit negativer Teilladung benachbarter Wassermoleküle angezogen. Diese Art von Bindung nennt man auch „Wasserstoffbrückenbindung“.

E29

Man nimmt an, dass die VAN-DER-WAALSschen Kräfte dadurch zustande kommen, dass in den Elektronenhüllen von Molekülen oder Atomen die Elektronen nicht immer gleichmäßig verteilt sind. Durch die Bewegung der Elektronen ergeben sich manchmal Stellen unterschiedlicher Elektronendichte in der Schale. Stellen mit höherer Elektronendichte haben dann eine geringe negative Teilladung, Stellen mit „Elektronenverarmung“ eine positive Teilladung. Da diese Zustände aber immer nur für ganz kurze Zeit auftreten, ergeben sich im zeitlichen Durchschnitt nur sehr schwache Kräfte.

E30

Wassermoleküle sind ausgeprägte Dipole. Die einzelnen Moleküle sind durch Wasserstoffbrücken untereinander verbunden. Um die Siedetemperatur des Wassers zu erreichen, müssen diese Anziehungskräfte überwunden werden. Wasser hat deshalb die vergleichsweise hohe Siedetemperatur von 100 °C.
Schwefelwasserstoffmoleküle sind nur sehr schwache Dipole, weil die Elektronegativität des Schwefels im Gegensatz zum Sauerstoff nur sehr wenig ausgeprägt ist. Zwischen den einzelnen H_2S-Molekülen herrschen also viel geringere Anziehungskräfte als zwischen den H_2O-Molekülen. Um die Siedetemperatur des Schwefelwasserstoffs zu erreichen, genügen schon niedrigere Temperaturen.

Kapitel F – Oxidation und Reduktion

Seite 71

Entzündet man Eisenwolle, die an einer austarierten Balkenwaage hängt, so kann man feststellen, dass das Verbrennungsprodukt schwerer ist als das unverbrannte Eisen. Das Eisen muss sich also bei der Verbrennung mit einem anderen Stoff verbunden haben (Synthese).

$4\,Al + 3\,O_2 \rightarrow 2\,Al_2O_3; \qquad -\Delta H$

Teilchen, die miteinander reagieren sollen, müssen mit einer bestimmten Mindestenergie zusammenstoßen. Durch örtliche Erhitzung (Anzünden) wird die Bewegungsenergie einiger Teilchen so weit erhöht, dass diese beim Zusammenprall reagieren. Die dabei frei werdende Reaktionswärme sorgt nun dafür, dass immer mehr Teilchen die nötige Aktivierungsenergie erhalten, um reagieren zu können.

Entzündungstemperatur nennt man diejenige Temperatur, bei der sich ein Gemisch einer brennbaren Substanz mit Luft von selbst entzündet (Beispiel: Benzol bei 555 °C).
Flammpunkt nennt man die Temperatur einer brennbaren Flüssigkeit, bei der sich eine so große Dampfmenge entwickelt hat, dass diese mit Luft vermischt mit einer Flamme gezündet werden kann (Beispiel: Benzol bei –11 °C).

Aceton verdampft sehr leicht. Die Dämpfe können sich leicht entzünden. Lässt man eine Flasche mit Aceton offen stehen, besteht Feuergefahr.

Langsame Verbrennungen finden statt zum Beispiel bei der Atmung und beim Rosten von Eisen.

Katalysatoren beschleunigen den Ablauf vieler chemischer Reaktionen. Katalysatoren setzen die Aktivierungsenergie herab, dadurch wird gleichzeitig die Reaktionsgeschwindigkeit erhöht. Ein Katalysator wird bei der Reaktion nicht verbraucht. Er ist am Ende der Reaktion wieder genauso und in gleicher Menge vorhanden wie am Beginn der Reaktion.
Die Reaktionsgeschwindigkeit von Wasserstoff mit Sauerstoff ist bei 20 °C fast unmessbar klein. Ein Gemisch aus beiden Gasen kann bei dieser Temperatur jahrelang ohne Veränderung aufbewahrt werden, wenn man darauf achtet, dass keine Aktivierungsenergie zugeführt wird. Bringt man jedoch Quarzwolle, die mit Platin beschichtet ist, in das Gemisch, so erfolgt eine spontane Reaktion, wobei Wasser (in Dampfform) entsteht und sehr viel Energie frei wird.
Platin auf Quarz wirkt hier als Katalysator. Der eigentliche Katalysator ist das auf den Quarzfasern sehr fein verteilte elementare Platin.

Diethylether hat eine Entzündungstemperatur von 170 °C. Kommt ein Gemisch aus Etherdampf und Luft mit einem Gegenstand in Berührung, dessen Temperatur die Entzündungstemperatur des „Ethers" überschreitet (zum Beispiel Bügeleisen), so entzündet sich das Gemisch.

Benzin muss im Verbrennungsmotor in sehr kurzer Zeit verbrennen. Eine bestimmte Menge eines brennbaren Stoffes verbrennt umso schneller, je größer seine Oberfläche ist. Durch Verdampfen wird Benzin in seine kleinstmöglichen Teilchen zerlegt. Damit hat es seine größtmögliche Oberfläche erreicht. Die Verbrennungsgeschwindigkeit ist deshalb sehr hoch. Das Benzin-Luft-Gemisch verbrennt im Zylinder des Motors explosionsartig.

(Seite 71) 

Der Würfel mit 10 cm Kantenlänge hat eine Oberfläche von 600 cm^2. Teilt man ihn in Würfel von 1 cm Kantenlänge auf, so entstehen 1000 Würfel. Jeder dieser kleinen Würfel hat eine Oberfläche von 6 cm^2. Die 1000 Würfel haben also zusammen eine Oberfläche von 6000 cm^2. Beim Verbrennen kann der Sauerstoff beim aufgeteilten Würfel an einer um das Zehnfache vergrößerten Fläche angreifen. Die Verbrennung läuft schneller ab.

Seite 75

Elektronenabgabe ist eine Oxidation; Elektronenaufnahme ist eine Reduktion.

Eine chemische Reaktion, bei der ein Stoff reduziert wird und dabei ein anderer Stoff oxidiert wird, nennt man einen Redoxvorgang.

a) Eisen ist das Reduktions-, Sauerstoff das Oxidationsmittel.
b) Magnesium ist das Reduktions-, Chlor das Oxidationsmittel.
c) Wasserstoff ist das Reduktions-, Kupferoxid das Oxidationsmittel.

Natrium gibt bei der Reaktion mit Chlor an dieses ein Elektron ab. Natrium wird deshalb zum Natriumion Na^+ oxidiert. Chlor nimmt vom Natrium das Elektron auf. Es wird deshalb zum Chloridion Cl^- reduziert.

a) $\overset{+VI\,-II}{SO_3}$ b) $\overset{+II\,-II}{CuO}$ c) $\overset{+III\,-II}{Fe_2O_3}$ d) $\overset{-III\,+I}{NH_3}$ e) $\overset{+IV\,-II}{CO_2}$ f) $\overset{+II\,-II}{CO}$

g) $\overset{-IV\,+I}{CH_4}$ h) $\overset{0}{Cl_2}$

F16

$Ca + Br_2 \rightarrow CaBr_2; \quad -\Delta H$

Es handelt sich hier um einen Redoxvorgang. Das Calcium gibt seine beiden Außenelektronen ab. Das Calciumatom wurde zum zweifach positiven Calciumion Ca^{2+} oxidiert. Je ein Elektron wurde von den beiden Bromatomen aufgenommen. Sie wurden einfach negativ geladen, d. h. zu Bromidionen reduziert.

$\overset{-IV\,+I}{CH_4} + 2\,\overset{0}{O_2} \rightarrow \overset{+IV\,-II}{CO_2} + 2\,\overset{+I\,-II}{H_2O}; \quad -\Delta H$

Es handelt sich bei allen drei Gleichungen um Redoxvorgänge.
a) Fe_2O_3 wird durch Al zu Fe reduziert. Al wird dabei zu Al_2O_3 oxidiert.
b) Wasser wird durch Mg zu Wasserstoff reduziert. Mg wird dabei zu MgO oxidiert.
c) Das Bromidion wird durch Chlor oxidiert. Dieses wird dabei selbst zum Chloridion reduziert.

F19

a) $\overset{+VII\,-I}{IF_7}$ b) $\overset{+I\,-I}{ClF}$ c) $\overset{+I\,-I}{H_2O_2}$ d) $\overset{-II\,+I}{N_2H_4}$ e) $\overset{+IV\,-II}{CO_3^{2-}}$ f) $\overset{+V\,-II}{P_4O_{10}}$ g) $\overset{+V\,-II}{NO_3^-}$ h) $\overset{+I\,-I}{LiH}$

Seite 81

Kapitel G – Säuren, Basen (Laugen), Salze

Säuren sind nach ARRHENIUS Verbindungen, die in Wasser in Protonen (H^+) und Säurerestionen zerfallen. Basen nennt ARRHENIUS Verbindungen, die in Wasser Hydroxidionen (OH^-) und positive Metallionen bilden.

Wässerige Lösungen, die Hydroxidionen enthalten, nennt man Laugen.

(Seite 81)

Bei einer Neutralisation reagiert eine bestimmte Menge Säure gerade mit so viel Lauge, dass sowohl die saure als auch die basische Reaktion aufgehoben wird. Protonen H^+ und Hydroxidionen OH^- haben sich zu Wasser H_2O vereinigt.

$KOH + HBr \rightarrow KBr + H_2O$

Lagert sich ein Proton H^+ an ein Wassermolekül H_2O an, so entsteht ein Oxoniumion H_3O^+.

Chlorwasserstoff löst sich begierig in Wasser auf. Dabei tritt eine chemische Reaktion ein:

$$HCl + H_2O \xrightarrow{H_2O} H_3O^+_{(aq)} + Cl^-_{(aq)}; \qquad -\Delta H$$

Chlorwasserstoff gibt an Wasser ein Proton ab. Dabei entsteht ein Oxoniumion und ein Chloridion. Beide Ionen werden von weiteren Wassermolekülen eingehüllt (hydratisiert).

An ein Oxoniumion lagern sich weitere Wassermoleküle an.
Im $[H_9O_4]^+$-Ion sind zum Beispiel 3 Wassermoleküle über Wasserstoffbrücken an ein H_3O^+-Ion gebunden.

Protonen sind positiv geladen. Wassermoleküle sind Dipole. Die negative Seite der Wassermoleküle wird von den Protonen angezogen. Es sind also elektrostatische Kräfte, die Protonen und Wassermoleküle zusammenhalten.

Die Schreibweise $H^+_{(aq)}$ besagt, dass das Proton von Wassermolekülen umgeben, also hydratisiert ist.

Ionenverbindungen aus positiven Metallionen und negativen Säurerestionen sind Salze. Salze kristallisieren in Ionengittern.

a) Metall + Säure $\rightarrow$ Salz + Wasserstoff
b) Metalloxid + Säure $\rightarrow$ Salz + Wasser

1. $Mg + Cl_2 \rightarrow MgCl_2$
2. $MgO + 2\,HCl \rightarrow MgCl_2 + H_2O$
2. $Mg + 2\,HCl \rightarrow MgCl_2 + H_2\uparrow$

Seite 82

Man prüft mit einem Indikator. Lackmus ist zum Beispiel im sauren Bereich rot und im basischen Bereich blau.

Die eine Flüssigkeit ist eine Säure (Lackmus rot), die andere Flüssigkeit ist eine Lauge (Lackmus blau). Beide Flüssigkeiten enthalten Ionen und leiten deshalb den elektrischen Strom. Beim Zusammengießen werden beide Flüssigkeiten neutralisiert. Die Protonen der Säure vereinigen sich mit den Hydroxidionen der Lauge zu Wasser. Die Neutralisation ist ein exothermer Vorgang, die Flüssigkeiten erwärmen sich beim Vermischen (Neutralisationswärme). In der Flüssigkeit verbleiben die Säurerestionen und die Metallionen der Lauge. Die neutralisierte Mischung leitet deswegen den elektrischen Strom.

Seite 85

Säuren sind Protonendonatoren (Protonengeber), Basen sind Protonenakzeptoren (Protonenfänger).

(Seite 85) **G16**

Stoffe, die in bestimmten Reaktionen als Säure auftreten, während sie in anderen Reaktionen als Base fungieren, nennt man Ampholyte. Wasser wirkt zum Beispiel HCl gegenüber als Base, weil es ein Proton vom HCl aufnimmt. NH_3 gegenüber wirkt Wasser jedoch als Säure, weil es an NH_3 ein Proton abgibt.

G17

Protolyse ist der Übergang von Protonen von einer Substanz auf eine andere.

Zum Beispiel: $HCl + H_2O \xrightarrow{H_2O} H_3O^+_{(aq)} + Cl^-_{(aq)}$

G18

Ammoniak kann vom Wassermolekül ein Proton aufnehmen, dabei entsteht das Ammoniumion NH_4^+. Ammoniak ist also ein Protonenakzeptor.

G19

Säure	konjugierte Base
HCl	Cl^-
HNO_3	NO_3^-
NH_4^+	NH_3
H_2SO_4	HSO_4^-
H_2O	OH^-

Seite 86

G20

Säuren	konjugierte Basen
HNO_3	NO_3^-
H_2CO_3	HCO_3^-
HSO_4^-	SO_4^{2-}
$H_2PO_4^-$	

Basen	konjugierte Säuren
Cl^-	HCl
HSO_4^-	H_2SO_4
CO_3^{2-}	HCO_3^-
$H_2PO_4^-$	

G21

Starke Säuren geben leicht Protonen ab, starke Basen nehmen leicht Protonen auf.

Einprotonige Säure: HCl
Zweiprotonige Säure: H_2SO_4
Dreiprotonige Säure: H_3PO_4

 *(Seite 86)*

Schwefelsäure ist eine zweiprotonige Säure. Die Abgabe der Protonen kann in zwei Reaktionsstufen erfolgen.

H_2SO_4 + NaOH → $NaHSO_4$ (Natriumhydrogensulfat) + H_2O

$NaHSO_4$ + NaOH → Na_2SO_4 (Natriumsulfat) + H_2O

Eine 0,01-molare Salzsäure enthält in 1 l Lösung $\frac{1}{100}$ mol HCl.

In einer 0,001-molaren Natronlauge sind pro Liter $\frac{1}{1000}$ mol Hydroxidionen enthalten.

100 ml einer Schwefelsäure mit der Konzentration $c(H_2SO_4)$ = 1 mol/l enthalten $\frac{1}{10}$ mol H_2SO_4. Gibt man 900 ml Wasser dazu, so erhält man 1 l Säure, der $\frac{1}{10}$ mol H_2SO_4 enthält. Die Lösung ist dann 0,1-molar; $c(H_2SO_4)$ = 0,1 mol/l.

Es muss $\frac{1}{10}$ mol KOH abgewogen werden; das sind 5,61 g.

Um 1 l einer Calciumlauge zu erhalten, deren Gehalt an Hydroxidionen der Konzentrationsangabe $c(OH^-)$ = 1 mol/l entspricht, braucht man 37,05 g Calciumhydroxid. Für einen halben Liter also 18,52 g.

Kohlensäure ist eine zweiprotonige Säure. Die Neutralisation verläuft in 2 Stufen:
1. Stufe:
H_2CO_3 + NaOH → $NaHCO_3$ + H_2O
2. Stufe:
$NaHCO_3$ + NaOH → Na_2CO_3 + H_2O

Schwefelsäure ist eine zweiprotonige Säure. $^1/_2$ mol H_2SO_4 kann deshalb 1 mol Protonen abgeben. Um 1 mol Protonen zu neutralisieren, benötigt man 1 mol Hydroxidionen. Um die vorgegebene Schwefelsäure zu neutralisieren, ist also 1 l einer 1-molaren Natronlauge nötig.

1) 2 H_3PO_4 + $Ca(OH)_2$ → $Ca(H_2PO_4)_2$ + 2 H_2O
2) H_3PO_4 + $Ca(OH)_2$ → $CaHPO_4$ + 2 H_2O
3) 2 H_3PO_4 + 3 $Ca(OH)_2$ → $Ca_3(PO_4)_2$ + 6 H_2O

1 ml einer Schwefelsäure mit der Konzentration $c(H_2SO_4)$ = 1 mol/l wird mit 20 ml einer 0,1-molaren Natronlauge neutralisiert (H_2SO_4 ist eine zweiprotonige Säure, daher wird sie mit 2 · 10 ml neutralisiert.) Für 4 ml einer 1-molaren Schwefelsäure braucht man also 80 ml einer 0,1-molaren Natronlauge zur Neutralisation.

Seite 87

1 l hat 1000 ml. 1 ml einer 0,1-molaren Salzsäure enthält also 0,1 · 0,001 mol, das sind 0,0001 mol Protonen. In den 10 ml der Natronlauge waren also 0,0001 · 35, das sind 0,0035 mol, Hydroxidionen enthalten. In 1 l dieser Natronlauge sind deshalb 0,0035 mol · 100, das sind 0,35 mol, Hydroxidionen enthalten. Die Lauge war also 0,35-molar.

(Seite 87) 

1 ml einer 0,1-molaren Natronlauge enthält 0,0001 mol Hydroxidionen. In den 10 ml der Schwefelsäure waren deshalb 22 · 0,0001 mol, das sind 0,0022 mol, Protonen enthalten. Schwefelsäure ist zweiprotonig. In den 10 ml waren also 0,0011 mol H_2SO_4 enthalten. 1 mol H_2SO_4 sind 98,08 g. Die Schwefelsäure enthält also 98,08 · 0,0011, das sind rund 0,108 g H_2SO_4.

Seite 88

Ein Doppelpfeil in einer chemischen Reaktionsgleichung bedeutet, dass es sich bei dem Vorgang um ein chemisches Gleichgewicht handelt.

$HCl + H_2O \xrightleftharpoons{H_2O} H_3O^+_{(aq)} + Cl^-_{(aq)}$

Die konjugierte Base zum $H_3O^+_{(aq)}$-Ion ist das Wassermolekül. Die konjugierte Säure zum $OH^-_{(aq)}$-Ion ist ebenfalls das Wassermolekül. Wasser ist ein Ampholyt. $H_3O^+_{(aq)}$ wirkt als starke Säure, $OH^-_{(aq)}$ als starke Base. Das Gleichgewicht bei der Neutralisationsreaktion liegt deshalb sehr weit auf der Seite des entstehenden Wassers.

Seite 93

Kapitel H – Luft und Wasser

Das Volumen der Luft setzt sich aus 78,09 % Stickstoff, 20,95 % Sauerstoff, 0,93 % Edelgasen und 0,03 % Kohlenstoffdioxid zusammen.
Chemische Schreibweisen: Stickstoff N_2, Sauerstoff O_2, Kohlenstoffdioxid CO_2. Die Edelgase treten nur atomar auf (He, Ne, Ar, Kr, Xe, Rn).

Mithilfe zweier Kolbenprober wird eine abgeschlossene Menge Luft wiederholt über erhitztes Kupfer geleitet. Dabei bindet das Kupfer den Sauerstoff:

$$2\,Cu + O_2 \rightarrow 2\,CuO$$

Es zeigt sich, dass von 100 Volumeneinheiten Luft ca. 79 Volumeneinheiten Restgas übrig bleiben. Es wurden etwa 21 Volumeneinheiten Sauerstoff an das Kupfer gebunden. Der Sauerstoffgehalt der Luft beträgt also ca. 21 Volumenprozent.

Durch hohen Druck mit gleichzeitiger Kühlung kann Luft verflüssigt werden. Aus flüssiger Luft können Stickstoff und Sauerstoff wegen ihrer unterschiedlichen Siedetemperaturen abgetrennt werden.

Die Kerzenflamme wird erstickt. Stickstoff unterhält die Verbrennung nicht.

Der durch die Verbrennung und andere Oxidationen verbrauchte Luftsauerstoff wird immer wieder von den Pflanzen mithilfe des Blattgrüns und der Energie des Sonnenlichts aus dem Kohlenstoffdioxid der Luft nachgebildet.

Flüssige Luft hat eine Temperatur von etwa –190 °C. Damit die Flüssigkeit nicht zu schnell verdampft, wird sie in doppelwandigen Glasgefäßen offen aufbewahrt. Der Zwischenraum ist luftleer gepumpt (stark herabgesetzte Wärmeübertragung). Die Wandungen sind außerdem verspiegelt (Reflexion von Wärmestrahlen). In solchen Gefäßen (DEWAR-Gefäße) lässt sich flüssige Luft mehrere Stunden aufbewahren.

Seite 94

Ozon ist Trisauerstoff O_3. Ozon bildet sich unter Einwirkung energiereicher UV-Strahlung in der Stratosphäre aus O_2. In den unteren Schichten der Atmosphäre tritt Ozon als Schadstoff auf. Es wird hier vor allem durch den Einfluss von Stickstoffdioxid unter Einwirkung des Sonnenlichts erzeugt.

(Seite 94)

Die intensive energiereiche UV-Strahlung der Sonne wird in der Stratosphäre zum großen Teil zur Ozonbildung (O_3) aus Sauerstoffmolekülen (O_2) verbraucht. Das hoch entwickelte Leben auf der Erde wird so vor den zerstörerischen UV-Strahlen geschützt.

In der Stratosphäre befindet sich eine Ozonschicht, die verhindert, dass die meisten schädlichen UV-Strahlen des Sonnenlichts die Erdoberfläche erreichen. Durch Einwirkung von FCKW (Fluorchlorkohlenwasserstoffe) mithilfe von Lichtenergie wird diese Ozonschicht vor allem über den Polargebieten zerstört. Durch dieses „Ozonloch" können jetzt die harten, schädlichen UV-Strahlen des Sonnenlichts die Erdoberfläche erreichen.

Edelgase haben mit Ausnahme von Helium auf ihrer Außenschale 8 Elektronen. Die Heliumschale (2 Elektronen) und die Achterschale der übrigen Edelgase sind extrem stabil. Die Edelgase sind deshalb äußerst reaktionsträge. Ihre Eigenschaften und ihr Verhalten zeigen große Ähnlichkeit (zum Beispiel kommen alle Edelgase nur atomar vor). Die Edelgase bilden deshalb eine Elementfamilie (VIII. Hauptgruppe des PSE).

Kohlenstoffdioxid und manche andere Gase, wie zum Beispiel Wasserdampf oder Methan, können Wärmestrahlen absorbieren. Dadurch können langwellige Sonnenstrahlen (Infrarotstrahlen) nicht wieder in den Weltraum zurückgelangen. Die Erdatmosphäre erwärmt sich, ähnlich wie die Luft unter dem Glasdach eines Treibhauses.

Los-Angeles-Smog ist fotochemischer Smog. Durch Einwirkung von Sonnenlicht auf Stickstoffdioxid, einem Bestandteil der Autoabgase, entsteht in den unteren Schichten der Erdatmosphäre Ozon. Diese Erscheinung zeigt sich besonders über der verkehrsreichen Millionenstadt im Sonnenland Kalifornien.

Bei der Fotosynthese bauen die grünen Pflanzen aus Kohlenstoffdioxid und Wasser Kohlenhydrate auf (zum Beispiel Traubenzucker $C_6H_{12}O_6$). Die Energie für diesen endothermen Prozess liefert das Sonnenlicht.

$$6\,CO_2 + 6\,H_2O \xrightarrow[\text{Blattgrün}]{H_2O} C_6H_{12}O_6 + 6\,O_2; \qquad +\Delta H$$

Gleichzeitig entsteht dabei elementarer Sauerstoff.

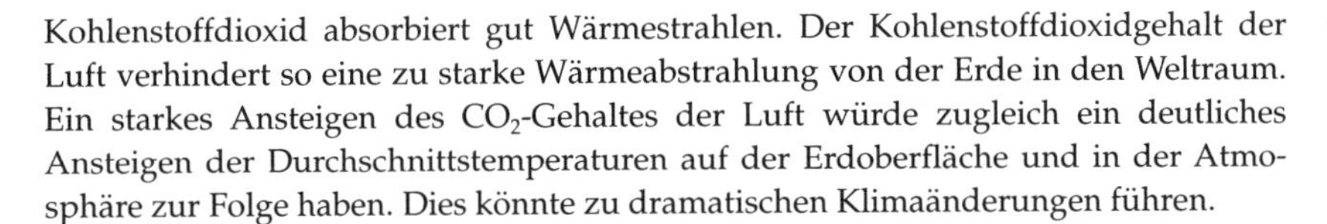

Kohlenstoffdioxid absorbiert gut Wärmestrahlen. Der Kohlenstoffdioxidgehalt der Luft verhindert so eine zu starke Wärmeabstrahlung von der Erde in den Weltraum. Ein starkes Ansteigen des CO_2-Gehaltes der Luft würde zugleich ein deutliches Ansteigen der Durchschnittstemperaturen auf der Erdoberfläche und in der Atmosphäre zur Folge haben. Dies könnte zu dramatischen Klimaänderungen führen.

Seite 100

Unter der Anomalie des Wassers versteht man das unregelmäßige Verhalten seiner Dichte bei Temperaturänderungen. Wasser hat bei +4 °C seine größte Dichte. Sowohl beim Erwärmen als auch beim Abkühlen dieses Wassers nimmt dessen Dichte ab. Besonders groß ist die Dichteabnahme beim Übergang in den festen Zustand (Gefrieren). Das Wasser dehnt sich dabei um $\frac{1}{11}$ seines Volumens aus.

(Seite 100) **H16** An jedem Wassermolekül können bis zu 4 Wasserstoffbrückenbindungen auftreten. Beim Gefrieren des Wassers bildet sich ein Molekülgitter, dessen Bindungskräfte in erster Linie aus Wasserstoffbrücken bestehen. Dieses Molekülgitter beansprucht verhältnismäßig viel Raum. Beim Schmelzen des Eises zerbricht das Molekülgitter. Dabei entstehen aber nicht einzelne Wassermoleküle, sondern es lagern sich – wegen der starken Tendenz zur Ausbildung von Wasserstoffbrücken – Wassermoleküle zu kleineren Molekülassoziaten zusammen. Diese Assoziate können sich dichter zusammenlagern als die Wassermoleküle im Eiskristall. Flüssiges Wasser von 0 °C hat deshalb eine größere Dichte als Eis von 0 °C. Bei weiterem Erwärmen brechen immer mehr Wasserstoffbrücken auf, sodass noch kleinere Assoziate entstehen, die sich noch dichter zusammenlagern können. Bei 4 °C wird dieser Effekt durch die immer stärker werdende Eigenbewegung der Wassermoleküle ausgeglichen. Die Dichte des Wassers nimmt bei Temperaturen von über 4 °C bei weiterem Erwärmen immer mehr ab.

H17 Wasser dehnt sich beim Gefrieren um $\frac{1}{11}$ seines Volumens aus. Gefriert Wasser in den Leitungen, so werden häufig die Rohre gesprengt.

H18 Wasser hat bei 4 °C seine größte Dichte. Wasser mit tieferer Temperatur hat eine geringere Dichte, es sinkt deshalb nicht auf den Grund des Gewässers, sondern „schwimmt" auf der Oberfläche. Bei 0 °C bildet sich eine Eisschicht, die das darunterliegende dichtere Wasser weitgehend vor weiterer Abkühlung schützt.

Seite 101

H19 Im Eis sind die Wassermoleküle in einem regelmäßigen Molekülgitter angeordnet (Eiskristall). Der Zusammenhang des Gitters beruht auf Wasserstoffbrückenbindungen. Beim Schmelzen zerbricht das Gitter. Die Bruchstücke bestehen aus Molekülassoziaten (Zusammenlagerung von durchschnittlich 112 Wassermolekülen). Diese Assoziate können sich dichter zusammenlagern als die Wassermoleküle im Eiskristall. Wasser von 0 °C hat deshalb eine größere Dichte als Eis von 0 °C.

H20 Kühlt das Wasser von 5 °C weiter ab, so nimmt seine Dichte zu und es sinkt zum Grund des Sees. Hat das Wasser jedoch 4 °C erreicht, so nimmt seine Dichte wieder ab. Beim weiteren Abkühlen bleibt das kältere Wasser an der Oberfläche des Sees. Bei 0 °C gefriert das Wasser. Dabei nimmt seine Dichte nochmals sprunghaft ab. Das „leichtere" Eis schwimmt auf dem Wasser. Beim weiteren Abkühlen wird die Eisschicht zwar dicker, aber auf dem Grund des Sees hat sich Wasser von 4 °C angesammelt. Dessen weitere Abkühlung wird weitgehend von der isolierend wirkenden Eisschicht verhindert.

H21 Eis hat eine geringere Dichte als flüssiges Wasser. Presst man Eis zusammen, so wird es flüssig. Lässt der Druck nach, so bildet sich sofort wieder Eis. Ein Stein auf der Eisfläche eines Sees übt auf das Eis einen Druck aus. Das Eis wird dabei flüssig. Dieses Wasser wird vom Stein verdrängt, anschließend gefriert es sofort wieder. Der Stein sinkt also in der Eisfläche langsam immer tiefer ein, wobei sich neben und über ihm sofort wieder Eis bildet. Hat der Stein das Eis durchwandert, so sinkt er schließlich auf den Grund des Gewässers.

H22 Eis hat eine geringere Dichte als flüssiges Wasser. Durch das Gewicht des Schlittschuhläufers wird das Eis zusammengepresst, dadurch wird es flüssig und bildet einen „Schmierfilm" zwischen den Schlittschuhkufen und der Eisfläche. Festes Glas hat eine größere Dichte als flüssiges Glas. Durch Anwendung von Druck kann es nicht verflüssigt werden.

(Seite 101)

Wasser von 1 °C besteht nicht aus Einzelmolekülen, sondern aus Molekülassoziaten. Beim weiteren Erwärmen brechen diese Assoziate in noch kleinere Bruchstücke auf. Diese kleineren Assoziate können sich enger zusammenlagern als die größeren. Die Dichte des Wassers nimmt deshalb zu. Mit zunehmender Erwärmung tritt aber eine immer stärker werdende Molekularbewegung auf. Die Moleküle beanspruchen deshalb mehr Raum. Ab 4 °C überwiegt der Effekt der Molekularbewegung. Die Dichte des Wassers nimmt bei weiterem Erwärmen ab.

H24

In Wasser lösen sich besonders gut Feststoffe, deren Gitter durch hohe elektrostatische Kräfte zusammengehalten werden (Ionengitter, Gitter aus polaren Molekülen).

H25

Eine Lösung, in der sich von einer Substanz nichts mehr löst, nennt man eine gesättigte Lösung. Weitere Zugabe dieser Substanz führt zur Ausbildung eines Bodenkörpers.

H26

In wässeriger Lösung üben Teilchen mit elektrischer Ladung (meist sind es Ionen oder stark polare Moleküle) Anziehungskräfte auf die entgegengesetzt geladene Seite der Wasserdipole aus. Die Wassermoleküle hüllen diese Teilchen ein. Diesen Vorgang nennt man Hydratation. Dabei wird Energie frei (Hydratationsenergie).

H27

Beim Auflösen von Ionenkristallen in Wasser wird Energie für den Gitterabbau verbraucht. Durch die gleichzeitige Hydratation der vom Gitter abgelösten Ionen wird aber wieder Energie frei. Durch diese Hydratationsenergie wird die notwendige Energie zur Aufspaltung des Ionengitters bereitgestellt.

H28

Die Absorption eines Gases in Wasser ist druckabhängig. In einer verschlossenen „Sprudelflasche" baut sich im Raum zwischen Verschluss und Flüssigkeitsoberfläche durch das zunächst aus dem Wasser entweichende Kohlenstoffdioxid ein Überdruck auf. Durch diesen Druckanstieg in der Flasche entweicht immer weniger Kohlenstoffdioxid aus dem Wasser. Die Gasentwicklung kommt schließlich zum Stillstand. Öffnet man den Flaschenverschluss, so entweicht der Überdruck, ein Großteil des im Wasser gelösten Kohlenstoffdioxids kann jetzt entweichen, die Flüssigkeit sprudelt.

H29

In kaltem Wasser löst sich Luft leichter als in warmem Wasser. Erhitzt man kaltes Leitungswasser, so entweicht ein Teil der darin gelösten Luft. An den Glaswänden bleibt diese Luft zunächst in Form kleiner Bläschen haften.

H30

Beim Auflösen von konzentrierter Schwefelsäure in Wasser wird sehr viel Hydratationsenergie frei. Das Gemisch erwärmt sich dadurch sehr stark. Man muss deshalb die Säure zum Verdünnen langsam unter stetigem Umrühren zum Wasser gießen, weil sich die Flüssigkeit örtlich in ganz kurzer Zeit auf über 100 °C erhitzen kann. Durch das wegsiedende Wasser kann es zu gefährlichen Verspritzungen kommen. Bei der Verdünnung von Säuren soll man immer eine Schutzbrille tragen.

H31

Bei der Bildung von Wasser aus den Elementen Sauerstoff und Wasserstoff wird viel Energie frei.

$$2\,H_2 + O_2 \rightarrow 2\,H_2O; \qquad -\Delta H$$

Diese Energie muss aufgewendet werden, wenn man Wasser wieder in seine Elemente aufspalten möchte.

H32

Beim Lösen von Kochsalz in Wasser muss zwar eine hohe Gitterenergie aufgebracht werden, um das Gitter in seine Bestandteile aufzubrechen. Gleichzeitig wird aber durch die Hydratation der Gitterbausteine (Na^+ und Cl^-) so viel Energie frei, dass in der Gesamtbilanz nur eine sehr kleine Energiemenge beim Lösen des Salzes im Wasser notwendig ist.

Seite 104

H33 Die Konzentration der $H^+_{(aq)}$-Ionen in Wasser beträgt bei 22 °C 10^{-7} mol/l.

H34 Das Ionenprodukt des Wassers ist konstant. Bei 22 °C beträgt es 10^{-14} mol²/l². Eine Lösung, die 10^{-3} mol/l $H^+_{(aq)}$-Ionen enthält, muss deshalb 10^{-11} mol/l $OH^-_{(aq)}$-Ionen enthalten.

H35 Die Konzentration der $H^+_{(aq)}$-Ionen in einer 0,001-molaren Salzsäure beträgt 10^{-3} mol/l. Der negativ dekadische Logarithmus von 10^{-3} ist 3. Der pH-Wert einer 0,001-molaren Salzsäure ist also 3.

H36 In einer 0,001-molaren Kalilauge beträgt die Konzentration der $OH^-_{(aq)}$-Ionen 10^{-3} mol/l. Daraus ergibt sich eine $H^+_{(aq)}$-Ionenkonzentration von 10^{-11} mol/l. Der negativ dekadische Logarithmus von 10^{-11} ist 11. Der pH-Wert einer 0,001-molaren Kalilauge ist also 11.

H37 Die $H^+_{(aq)}$-Ionenkonzentration einer Lösung mit dem pH-Wert 5 ist 10^{-5} mol/l. Daraus ergibt sich eine $OH^-_{(aq)}$-Ionenkonzentration von 10^{-9} mol/l, weil das Produkt aus der Konzentration beider Ionenarten 10^{-14} mol²/l² sein muss.

Seite 105

H38 Schwefelsäure ist eine zweiprotonige Säure. 0,05 mol H_2SO_4 können 2 · 0,05 mol, das sind 0,1 mol, Protonen abspalten. Die $H^+_{(aq)}$-Ionenkonzentration beträgt hier also 0,1 mol/l. Daraus ergibt sich der pH-Wert 1.

H39 Eine 0,01-molare Essigsäure enthält 10^{-2} mol Essigsäure pro Liter. Wenn nur 4 % davon dissoziiert sind, dann ist die Konzentration an $H^+_{(aq)}$-Ionen $\frac{10^{-2}}{100} \cdot 4$ mol/l. Das sind 0,0004 mol/l. Der negativ dekadische Logarithmus von 0,0004 ist 3,4. Der pH-Wert einer 0,01-molaren Essigsäure ist also 3,4.

H40 Natronlauge mit dem pH-Wert 11 enthält 10^{-11} mol $H^+_{(aq)}$-Ionen pro Liter bzw. 10^{-3} mol $OH^-_{(aq)}$-Ionen pro Liter. Es handelt sich also um eine 0,001-molare Natronlauge. Um 100 ml einer 0,001-molaren Natronlauge zu neutralisieren, benötigt man 10 ml einer 0,01-molaren Salzsäure. Im Neutralpunkt beträgt der pH-Wert 7.

Seite 107

H41 Die zweifach positiv geladenen Bleiionen wandern zur Kathode (= negative Elektrode). Dort nehmen die Bleiionen je 2 Elektronen auf und werden dadurch zu ungeladenem Blei. Das Blei schlägt sich auf der Elektrode nieder. Die negativ geladenen Chloridionen wandern zur Anode (positive Elektrode). Dort geben sie je 1 Elektron ab. Je 2 der so entstandenen ungeladenen Chloratome vereinigen sich zu 1 Chlormolekül Cl_2. Chlor entweicht an der Anode als Chlorgas.
Kathodenvorgang: $Pb^{2+} + 2\,e^- \rightarrow Pb$
Anodenvorgang: $2\,Cl^- \rightarrow Cl_2 + 2\,e^-$

(Seite 107)

Die zweifach positiv geladenen Zinkionen wandern zur Kathode (negative Elektrode). Dort nehmen sie je 2 Elektronen auf und werden dadurch zu ungeladenem metallischem Zink. Das Zink scheidet sich als „Zinkbart" an der Kathode ab. Die negativ geladenen Iodionen wandern zur Anode (positive Elektrode). Dort geben sie je 1 Elektron ab. Je 2 der so entstanden Iodatome vereinigen sich zu 1 Iodmolekül I_2. Das elementare Iod scheidet sich in Form brauner Schlieren an der Anode ab.

Kathodenvorgang: $Zn^{2+} + 2\,e^- \rightarrow Zn$

Anodenvorgang: $2\,I^- \rightarrow I_2 + 2\,e^-$

In verdünnter Schwefelsäure liegen nebeneinander drei Arten von Ionen vor. In relativ hoher Konzentration $H^+_{(aq)}$- und $SO^{2-}_{4\,(aq)}$-Ionen. In geringerer Konzentration aber auch $OH^-_{(aq)}$-Ionen aus dem Protolysegleichgewicht des Wassers. An der Kathode nehmen die $H^+_{(aq)}$-Ionen je 1 Elektron auf. Je 2 der so entstandenen Wasserstoffatome vereinigen sich zu 1 Wasserstoffmolekül H_2. Der Wasserstoff entweicht an der Kathode als Gas. An der Anode werden nicht die $SO^{2-}_{4\,(aq)}$-Ionen entladen, sondern die $OH^-_{(aq)}$-Ionen. Dabei entstehen Wasser und elementarer Sauerstoff, der an der Anode als Gas entweicht. Weil das Protolysegleichgewicht des Wassers erhalten bleiben muss, dissoziieren immer entsprechend viele H_2O-Moleküle und ergänzen damit die verbrauchten $OH^-_{(aq)}$-Ionen. Die bei dieser Dissoziation entstandenen $H^+_{(aq)}$-Ionen werden an der Kathode entladen. Im Endeffekt stammen die entladenen Ionen ausschließlich vom Wasser. Bei der Elektrolyse einer verdünnten Schwefelsäure wird also nur das Wasser zersetzt.

Kathodenvorgang: $4\,H^+_{(aq)} + 4\,e^- \rightarrow 2\,H_2\uparrow$

Anodenvorgang: $4\,OH^-_{(aq)} \rightarrow 2\,H_2O + O_2\uparrow + 4\,e^-$

Kapitel I – Elemente der Hauptgruppen des PSE

Seite 109

$2\,H^+_{(aq)} + SO^{2-}_{4\,(aq)} + Fe \rightarrow Fe^{2+}_{(aq)} + SO^{2-}_{4\,(aq)} + H_2\uparrow$

Seite 110

$2\,H^+_{(aq)} + 2\,OH^-_{(aq)} + 2\,Li \rightarrow 2\,Li^+_{(aq)} + 2\,OH^-_{(aq)} + H_2\uparrow$

Erhitztes Magnesium entreißt dem Wasserdampf den Sauerstoff. Dabei entstehen Magnesiumoxid und elementarer Wasserstoff.

$Mg + H_2O \rightarrow MgO + H_2\uparrow$

$Fe_2O_3 + 3\,H_2 \rightarrow 2\,Fe + 3\,H_2O$

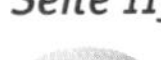

Seite 113

Alkalimetalle haben auf ihrer Außenschale nur ein Elektron. Das ist ein sehr instabiler Zustand. Durch Abgabe dieses Elektrons wird die nächstinnere Schale (Edelgasschale mit 8 Elektronen) zur Außenschale. Damit ist ein sehr stabiler Zustand erreicht. Alkalimetalle zeigen also wegen ihrer ausgeprägten Tendenz, ein Elektron abzugeben, sehr hohe Reaktionsbereitschaft.

(Seite 113)

In der Reihenfolge Li, Na, K steigt der Atomradius der Alkalimetalle. Je weiter das Außenelektron vom Kern entfernt ist, desto weniger wird es von diesem angezogen, desto leichter kann es an einen Reaktionspartner abgegeben werden. Die Reaktionsfreudigkeit steigt also in der genannten Reihenfolge an.

Alkalimetalle sind starke Reduktionsmittel. Sie werden durch Sauerstoff leicht oxidiert. Außerdem reagieren sie mit dem in der Luft enthaltenen Wasserdampf. Um das zu verhindern, bewahrt man Alkalimetalle unter Petroleum auf. Dadurch werden Luftsauerstoff und Luftfeuchtigkeit abgehalten.

Lithiumsalze geben eine rote, Natriumsalze eine gelborange und Kaliumsalze eine blassviolette Flammenfärbung.

Eine besonders hohe Reaktionsfreudigkeit mit den Alkalimetallen lassen die Elemente der VII. Hauptgruppe, die Halogene, erwarten. Diesen Elementen fehlt zu einer stabilen Achterschale nur ein Elektron, während die Alkalimetalle ein starkes Bestreben zeigen, ihr einziges Außenelektron abzugeben.

Das Außenelektron des Kaliums wird beim Erhitzen stufenweise in immer weiter vom Kern entfernte Elektronenbahnen angehoben. Von diesem höheren Energieniveau fällt das Elektron stufenweise wieder in seine ursprüngliche Bahn zurück. Bei jedem Sprung auf ein niedrigeres Energieniveau gibt das Elektron Energie in Form von Licht einer ganz bestimmten Farbe ab. Im Spektroskop erscheinen diese Farben als Linienspektrum.

Man bringt eine Probe des Salzgemisches in die nicht leuchtende Bunsenflamme. Durch ein Spektroskop beobachtet man die Flammenfärbung. Jedes Alkalimetall hat ein eigenes typisches Linienspektrum, das zum Nachweis herangezogen werden kann.

Seite 114

$2\,Mg + O_2 \rightarrow 2\,MgO; \qquad -\Delta H$

I13

$Ca + 2\,H^{+}_{(aq)} + 2\,OH^{-}_{(aq)} \rightarrow Ca^{2+}_{(aq)} + 2\,OH^{-}_{(aq)} + H_2\uparrow$

I14

Hartes Wasser von 20 °dH enthält pro Liter 200 mg CaO. Umrechnung auf den entsprechenden Gehalt von $Ca(HCO_3)_2$: Die Molmasse von CaO ist 56,1. Die Molmasse von $Ca(HCO_3)_2$ ist 162,1. Es ergibt sich die Proportion $200 : x = 56,1 : 162,1$

$$x = \frac{162,1 \cdot 200}{56,1} = 577,9$$

Wasser, das pro Liter 577,9 mg gelöstes Calciumhydrogencarbonat enthält, hat eine Wasserhärte von 20 °dH.

Seite 115

Aluminium überzieht sich an der Luft mit einer sehr dünnen, aber sehr widerstandsfähigen, zähen Oxidschicht. Diese Haut schützt das darunterliegende Aluminium vor dem weiteren Angriff durch den Luftsauerstoff.

Aluminium wird durch Schmelzelektrolyse von Al_2O_3 hergestellt. Dabei werden große Mengen von elektrischer Energie verbraucht. Vom wirtschaftlichen Standpunkt aus wird man Aluminiumfabriken dort errichten, wo billiger Strom zur Verfügung steht (zum Beispiel Wasserkraft).

Seite 116

Al_2O_3 hat die sehr hohe Schmelztemperatur von 2045 °C. Durch Zugabe von Kryolith (Na_3AlF_6) lässt sich die Schmelztemperatur auf deutlich unter 1000 °C absenken.

Bei der Schmelzelektrolyse von Al_2O_3 werden die Anoden aus Kohlenstoff durch den dort entstehenden Sauerstoff zu CO und CO_2 oxidiert. Die Kohlenstoffanoden müssen deshalb immer wieder erneuert werden.

I19

Bei der Verbrennung von 54 g Aluminium (2 mol) werden 1678 kJ frei. Daraus ergibt sich, dass bei 1000 g Aluminium 31 074 kJ frei werden.

$3\ Fe_3O_4 + 8\ Al \rightarrow 9\ Fe + 4\ Al_2O_3; \qquad -\Delta H$

I21

Bei der Reduktion von Fe_3O_4 zu Eisen sind pro Mol (das sind 231,4 g) 1123 kJ nötig. Bei der Reduktion von 1000 g braucht man

$$\frac{1123 \cdot 1000}{231{,}4}\ \text{kJ, das sind 4853 kJ.}$$

Bei der Oxidation von Aluminium werden pro Mol Al (27 g) 839 kJ frei. Nach der Gleichung $3\ Fe_3O_4 + 8\ Al \rightarrow 9\ Fe + 4\ Al_2O_3$ werden bei 694,2 g Fe_3O_4 (das sind 3 mol) 216 g Al (das sind 8 mol) benötigt. Für 1000 g Fe_3O_4 braucht man dann

$$\frac{216 \cdot 1000}{694{,}2}\ \text{g} = 311{,}1\ \text{g Aluminium.}$$

Bei der Bildung von Al_2O_3 aus 54 g Al (= 2 mol) werden 1678 kJ frei. Bei 311,1 g Al werden dann

$$\frac{1678 \cdot 311{,}1}{54}\ \text{kJ} = 9667{,}1\ \text{kJ frei.}$$

Bei der Reaktion von 1 kg Fe_3O_4 mit 311,1 g Aluminium werden deshalb 9667,1 kJ – 4853 kJ = 4814,1 kJ frei.

Seite 121

Die verschiedenartigen Eigenschaften von Diamant und Grafit erklären sich aus der unterschiedlichen Anordnung der Kohlenstoffatome in den jeweiligen Kristallgittern.

Fullerene sind kugelförmige, hochsymmetrische Moleküle zum Beispiel mit der Formel C_{60}, wobei die Molekülkugel aus regelmäßigen Sechser- und Fünferkohlenstoffringen besteht.

CO wird von den roten Blutkörperchen anstelle von Sauerstoff gebunden. Dadurch werden die Sauerstoffaufnahme und der Sauerstofftransport durch das Blut stark eingeschränkt (Erstickungsgefahr).

I25

Beim Einleiten von CO_2-Gas in Calciumhydroxidlösung entsteht Calciumcarbonat. Dieses Salz ist schwer löslich, deshalb bildet sich ein weißer Niederschlag.

$$Ca(OH)_2 + CO_2 \rightarrow CaCO_3\downarrow + H_2O$$

I26

Löst man CO_2 in Wasser auf, so reagiert ein geringer Teil des gelösten Kohlenstoffdioxids mit Wasser. Dabei bildet sich Kohlensäure H_2CO_3.

$$CO_2 + H_2O \rightarrow H_2CO_3$$

I27

In hartem Wasser ist Calciumhydrogencarbonat gelöst. Beim Erhitzen spaltet es Kohlensäure ab. Dabei entsteht schwer lösliches Calciumcarbonat, das sich als Kesselstein niederschlägt.

$$Ca(HCO_3)_2 \rightarrow \underbrace{CaCO_3}_{\text{Kesselstein}} + \underbrace{H_2O + CO_2}_{\text{Kohlensäure}}$$

(Seite 121)

I28 Kalkmörtel ist ein Brei aus Löschkalk, Sand und Wasser. Durch Verdunsten des Wassers bindet der Mörtel zunächst ab. Im Laufe der Zeit reagiert der Löschkalk mit dem CO_2 der Luft. Dabei bildet sich Calciumcarbonat (Kalkstein), der Mörtel wird hart.

$$Ca(OH)_2 + CO_2 \rightarrow CaCO_3 + H_2O$$

I29 Glas ist eine erstarrte Schmelze. Im Glas sind meistens Quarz (SiO_2) und verschiedene Metalloxide (CaO; PbO; K_2O usw.) miteinander verschmolzen.

I30 Reines elementares Silicium hat wichtige Halbleitereigenschaften. Es findet deshalb Verwendung in der Elektronikindustrie (zum Beispiel Computer, Taschenrechner, Solarzellen usw.).

I31 Durch eine zähe Oxidschicht ist Blei vor weiterer Korrosion geschützt. Da es außerdem weich und sehr biegsam ist, eignet es sich gut zur Ummantelung von Kabelmaterial.

I32 CO_2 reagiert mit Wasser zu Kohlensäure:

$$CO_2 + H_2O \rightleftarrows H_2CO_3$$

Kohlensäure ist eine zweiprotonige Säure, sodass sich bei der Reaktion mit Natronlauge zwei unterschiedliche Salze bilden können.

$$H_2CO_3 + NaOH \rightleftarrows \underset{\text{Natriumhydrogencarbonat}}{NaHCO_3} + H_2O$$

$$NaHCO_3 + NaOH \rightleftarrows \underset{\text{Natriumcarbonat}}{Na_2CO_3} + H_2O$$

Seite 122

I33 $CaO + H_2O \rightarrow Ca(OH)_2$

Zum Löschen von 1 mol Branntkalk benötigt man 1 mol Wasser. 1 mol CaO sind 56 g. 1 t Branntkalk enthält demnach 1 000 000 g : 56 g/mol = 17 857,1 mol CaO.

Zum Löschen von 1 t Branntkalk benötigt man demnach 17 857,1 mol Wasser. Das sind 18 g/mol · 17 857,1 mol = 321 427,8 g Wasser.

Zum Löschen von 1 Tonne Branntkalk benötigt man also rund 321,5 l Wasser.

I34 Durch verglühenden Koks entstehen CO_2 und Wärme. Das CO_2 ermöglicht das Aushärten des Mörtels. Die Wärme beschleunigt das Verdunsten des dabei entstehenden Wassers.

$$Ca(OH)_2 + CO_2 \rightarrow CaCO_3 + H_2O$$

I35 ● Silicium

○ Sauerstoff

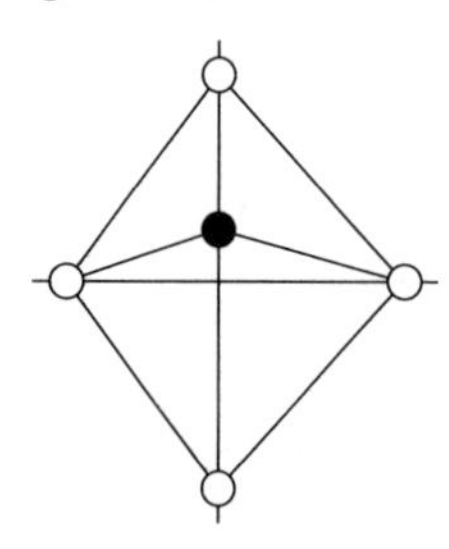

Seite 125

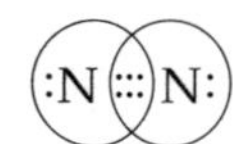

 *(Seite 125)*

Die Reaktionsgeschwindigkeit zwischen Stickstoff und Wasserstoff ist bei 20 °C unmessbar klein.

I38

Die Ammoniaksynthese verläuft nach dem Gleichgewicht:

$$3\,H_2 + N_2 \rightleftarrows 2\,NH_3; \qquad -\Delta H$$

Da bei Zimmertemperatur die Reaktionsgeschwindigkeit unmessbar klein ist, muss erhitzt werden. Erst bei Temperaturen von über 400 °C kann mithilfe von Katalysatoren eine ausreichend schnelle Gleichgewichtseinstellung erreicht werden. Bei so hohen Temperaturen ist die Ammoniakausbeute jedoch gering, weil das Gleichgewicht weitgehend auf der linken Seite liegt. Setzt man die Ausgangsstoffe jedoch unter hohen Druck (in der Praxis ca. 200 bar, das sind 200 000 hPa), so lässt sich das Gleichgewicht weiter nach rechts verschieben. Das Gleichgewicht weicht durch die Bildung von Ammoniak dem äußeren Zwang (hoher Druck) aus, denn die Ammoniakbildung verläuft unter Volumenverminderung.

I39

Ammoniak löst sich sehr gut in Wasser. Ein Teil des Ammoniaks reagiert mit dem Wasser. Dabei entstehen Ammoniumionen und Hydroxidionen. Diese Hydroxidionen bewirken die basische Reaktion einer wässerigen Ammoniaklösung.

$$NH_3 + H_2O \xrightarrow{H_2O} NH^+_{4\,(aq)} + OH^-_{(aq)}$$

I40

Ammoniumhydrogencarbonat zerfällt beim Erhitzen. Dabei entstehen Kohlenstoffdioxid, Wasserdampf und Ammoniak. Diese Gase bilden im Teig kleine Blasen. Das Backwerk wird auf diese Weise locker.

$$NH_4HCO_3 \rightarrow CO_2 + H_2O + NH_3$$

I41

$\overset{-III}{NH_3}$ $\quad$ $\overset{+II}{NO}$ $\quad$ $\overset{+IV}{NO_2}$ $\quad$ $\overset{+V}{HNO_3}$

I42

Pflanzen können zur Eiweißbildung nur den im Boden chemisch gebundenen Stickstoff aufnehmen. Da bei landwirtschaftlich genutztem Boden der Stickstoffgehalt immer mehr abnehmen würde, muss durch Ausstreuen von Stickstoffverbindungen wie zum Beispiel Ammoniumsalzen und Nitraten (Stickstoffdünger) der Stickstoffgehalt im Boden immer wieder ergänzt werden.

Seite 128

I43

Phosphor verbindet sich unter Energieabgabe mit Sauerstoff. Diese Oxidation erfolgt bei weißem Phosphor schon bei Zimmertemperatur, wobei die Energie in Form von grünlichem Licht frei wird. Phosphor leuchtet deshalb im Dunkeln, wenn er mit Luftsauerstoff reagiert.

I44

$$P_4 + 5\,O_2 \rightarrow P_4O_{10}; \qquad -\Delta H$$

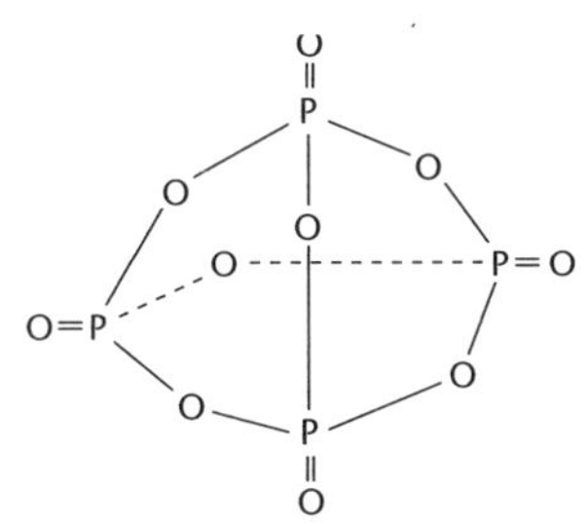

I45

Superphosphat ist ein Phosphordünger. Es wird aus dem wasserunlöslichen Phosphorit (tertiäres Calciumphosphat) durch Aufschluss mit Schwefelsäure gewonnen. Dabei entsteht ein Gemisch aus wasserlöslichem Calciumdihydrogenphosphat (primäres Calciumphosphat) und Calciumsulfat (Gips).

$$Ca_3(PO_4)_2 + 2\,H_2SO_4 \rightarrow Ca(H_2PO_4)_2 + 2\,CaSO_4$$

(Seite 128)

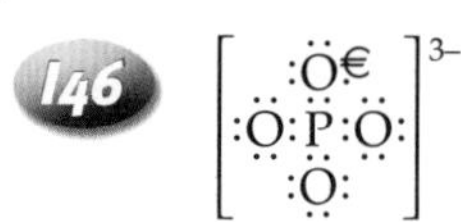

147

Primäres Calciumphosphat:	$Ca(H_2PO_4)_2$
Sekundäres Calciumphosphat:	$CaHPO_4$
Tertiäres Calciumphosphat:	$Ca_3(PO_4)_2$

Seite 133

149 Rhombischer Schwefel besteht aus ringförmigen S_8-Molekülen. Diese Moleküle sind im festen Aggregatzustand des Schwefels bei Temperaturen unter 95,5 °C in einem regelmäßigen Molekülgitter angeordnet. Es bilden sich rhombische Kristalle.

150 Plastischer Schwefel entsteht, wenn man über 400 °C erhitzten, flüssigen Schwefel in kaltes Wasser gießt. Die gummiartige Masse besteht aus schraubenförmig angeordneten, langen Schwefelketten. Nach kurzer Zeit wandelt sich dieser plastische Schwefel in die bei Zimmertemperatur beständige Form des rhombischen Schwefels um.

151 Entzieht man der schwefeligen Säure Wasser, so bleibt SO_2 übrig. Man nennt deshalb SO_2 das Anhydrid der schwefeligen Säure.

$$H_2SO_3 \rightleftarrows SO_2 + H_2O$$

152 Schwefelige Säure ist zweiprotonig, es können deshalb primäre und sekundäre Salze entstehen:

I $\quad H_2SO_3 + KOH \rightarrow KHSO_3 + H_2O$

II $\quad KHSO_3 + KOH \rightarrow K_2SO_3 + H_2O$

153 SO_2 zur Schwefelsäureherstellung wird heute entweder durch Verbrennen von elementarem Schwefel $S + O_2 \rightarrow SO_2; -\Delta H$ oder durch Rösten von Metallsulfiden gewonnen. Beim Rösten wird das Erz unter Luftzufuhr erhitzt:

$$4\,FeS_2 + 11\,O_2 \rightarrow 2\,Fe_2O_3 + 8\,SO_2; -\Delta H$$

154 Kupfer wird von konzentrierter Schwefelsäure oxidiert und dabei aufgelöst. Die Schwefelsäure wird dabei teilweise reduziert.

$$2\,H_2\overset{+VI}{S}O_4 + \overset{0}{Cu} \rightarrow \overset{+II}{Cu}\overset{+VI}{S}O_4 + \overset{+IV}{S}O_2 + 2\,H_2O$$

155 Schwefelsäure ist stark hygroskopisch. Sie entreißt vielen organischen Verbindungen den gebundenen Wasserstoff und Sauerstoff als Wasser, wobei meist nur noch Kohlenstoff übrig bleibt.

Beispiel: $\underset{\text{Rohrzucker}}{C_{12}H_{22}O_{11}} \xrightarrow{H_2SO_4} \underset{\text{Kohlenstoff}}{12\,C} + 11\,H_2O$

(Die Schwefelsäure wird dabei durch das entstehende Wasser verdünnt.)

156 Der MAK-Wert von 10 ppm bei Schwefelwasserstoff bedeutet, dass am Arbeitsplatz bei achtstündiger Arbeitszeit der Gehalt an Schwefelwasserstoff nicht höher als 10 ml pro Kubikmeter sein darf, wenn gesundheitliche Schäden ausgeschlossen werden sollen.

Seite 134

Eine wässerige Lösung von Schwefelwasserstoff zeigt die Eigenschaften einer sehr schwachen zweiprotonigen Säure:

$$H_2S \xrightleftharpoons{H_2O} H^+_{(aq)} + HS^-_{(aq)}$$

$$HS^-_{(aq)} \xrightleftharpoons{H_2O} H^+_{(aq)} + S^{2-}_{(aq)}$$

Schwefelwasserstoff kann bei sehr hohen Temperaturen (ca. 500 °C) aus den Elementen hergestellt werden: $H_2 + S \rightarrow H_2S$
Im Labor gewinnt man Schwefelwasserstoff häufig durch Einwirkung von verdünnten starken Säuren auf Sulfide. Meistens verwendet man dazu Eisensulfid.

$$FeS + 2\,HCl \rightarrow FeCl_2 + H_2S\uparrow$$

Schwefeldioxid und Wasser stehen im Gleichgewicht mit schwefeliger Säure:

$$H_2O + SO_2 \rightleftarrows H_2SO_3$$

Entzieht man dem Gleichgewicht Wasser, so zerfällt ein Teil der schwefeligen Säure, um das Gleichgewicht wiederherzustellen. Schwefelige Säure kann deshalb nicht wasserfrei hergestellt werden.

Schwefeldioxid und Sauerstoff vereinigen sich in einer exothermen Reaktion:

$$2\,SO_2 + O_2 \rightleftarrows 2\,SO_3; \qquad \Delta H = -198\text{ kJ}$$

Bei hoher Temperatur (hohe Energiezufuhr) weicht das System dem äußeren Zwang aus, das Gleichgewicht verschiebt sich nach links.

Durch die hohe Elektronegativität des Sauerstoffs ist das Wassermolekül ein ausgeprägter Dipol. Zwischen den einzelnen Wassermolekülen bestehen starke Anziehungskräfte (Wasserstoffbrückenbindungen). In flüssigem Wasser sind deshalb viele Moleküle zu Assoziaten zusammengelagert. Um Wasser zum Sieden zu bringen, muss viel Energie zugeführt werden, damit diese Bindungskräfte überwunden werden können. Das Schwefelwasserstoffmolekül zeigt nur ganz schwache Dipoleigenschaften. Zwischen den Molekülen bestehen deshalb auch nur vergleichsweise geringe Anziehungskräfte, sodass Schwefelwasserstoff schon bei viel tieferer Temperatur in den gasförmigen Zustand übergehen kann.

Seite 135

Fluor und Chlor sind bei 20 °C gasförmig, Brom ist bei dieser Temperatur flüssig und Iod ist fest.

$2\,Na + Cl_2 \rightarrow 2\,NaCl; \quad -\Delta H$
$Ca + Cl_2 \rightarrow CaCl_2; \quad -\Delta H$
$2\,Fe + 3\,Br_2 \rightarrow 2\,FeBr_3; \quad -\Delta H$
$Zn + I_2 \rightarrow ZnI_2; \quad -\Delta H$

Alle Halogene haben auf ihrer Außenschale 7 Elektronen. Zum stabilen Elektronenoktett fehlt also jeweils nur 1 Elektron. Alle Halogene sind deshalb sehr reaktionsfreudig. Besonders leicht reagieren die Halogene mit Metallen, wobei sich Salze (Halogenide) bilden. Wegen ihrer Reaktionsfreudigkeit kommen Halogene nicht elementar in der Natur vor.

Seite 136

Die Tendenz, das noch fehlende Elektron in die Außenschale einzubauen, ist bei den Halogenen umso stärker, je näher sich die Außenschale am Kern befindet, je kleiner also der Atomradius ist. Chlor hat einen kleineren Atomradius als Brom. Es ist deshalb reaktionsfähiger.

Halogene reagieren besonders heftig mit den Alkalimetallen. Alkalimetalle haben auf ihrer Außenschale nur 1 Elektron. Durch Abgabe dieses Elektrons wird die nächstinnere stabile Schale zur Außenschale. Halogene benötigen nur noch 1 Elektron, um eine stabile Außenschale zu erreichen. Alkalimetalle und Halogene reagieren deshalb unter Ausbildung von Ionenbindungen stark exotherm miteinander.

Die Tendenz, 1 Elektron in die Außenschale einzubauen, ist bei den Halogenen umso größer, je näher sich die Außenschale am Atomkern befindet. Elementares Brom kann deshalb dem Iodidion ein Elektron entreißen. Dabei wird es selbst zum Bromidion, während das Iod in den elementaren Zustand übergeht. Die Außenschale des Chlors ist näher am Kern als die Außenschale des Broms. Elementares Brom kann deshalb dem Chloridion kein Elektron entreißen.

Um aus Fluoridionen elementares Fluor herzustellen, ist ein Oxidationsmittel (Elektronen entziehendes Mittel) notwendig, dessen oxidierende Wirkung größer ist als die des Fluors. Da es keine chemische Substanz gibt, die diese Eigenschaft hat, kann Fluor nur auf elektrolytischem Weg hergestellt werden. Den Fluoridionen werden an der positiven Elektrode (Anode) Elektronen entrissen. Die Fluoridionen werden also anodisch zu Fluor oxidiert.

Edelgase haben eine sehr stabile Außenschale. Die Tendenz, Elektronen aufzunehmen oder abzugeben, ist also bei Edelgasen äußerst gering. Edelgase kommen deshalb nur atomar vor. Sie verbinden sich nicht wie andere gasförmige Elemente untereinander zu Molekülen.

Beim elektrischen Schweißen von Metallen können durch Zutritt von Luft an den Schweißnähten Oxide und Nitride entstehen. Um den Zutritt von Luft zu verhindern, kann man mit einem Edelgas eine Schutzatmosphäre um die Schweißstelle bilden. Edelgase sind so reaktionsträge, dass sie nicht einmal bei den hohen Schweißtemperaturen chemische Verbindungen eingehen. Argon ist das am häufigsten vorkommende Edelgas. Es ist am billigsten und eignet sich deshalb besonders gut als Schutzgas.

Wasserstoff als Füllgas von Luftschiffen ist sehr gefährlich, weil es sich leicht entzünden lässt. Schon ein kleiner Funke kann zur Explosion eines wasserstoffgefüllten Luftschiffes führen. Helium ist zwar etwas schwerer als Wasserstoff, aber es ist absolut unbrennbar. Aus Sicherheitsgründen ist deshalb Helium besser als Füllgas für Luftschiffe geeignet als Wasserstoff.

Seite 141

Kapitel J – Metalle

Unedle Metalle sind leicht oxidierbar und reagieren mit Salzsäure unter Bildung von Wasserstoff. Edelmetalle sind schwer oxidierbar und reagieren nicht mit Salzsäure. Nur durch stark oxidierende Säuren können Edelmetalle in Lösung gebracht werden.

Legierungen sind Gemische (Verschmelzungen) von mindestens zwei verschiedenen Metallen. Typische Legierungen sind Bronze (Kupfer + Zinn) und Messing (Kupfer + Zink).

Seite 142

Erze sind in der Natur vorkommende chemische Verbindungen, aus denen Metalle gewonnen werden. Meistens handelt es sich dabei um oxidische (also mit Sauerstoff verbundene) oder sulfidische (also mit Schwefel verbundene) Mineralien oder Gesteine.

Manche Metalle kommen gediegen, also elementar in der Natur vor (zum Beispiel Gold, Silber, Kupfer, Quecksilber). Die Hauptvorkommen bestehen aber auch in chemischen Verbindungen (Erzen). Um daraus Metalle elementar gewinnen zu können, müssen die Erze reduziert werden. In der Technik verwendet man häufig Kohlenstoff (bzw. Kohlenstoffmonooxid) als Reduktionsmittel (zum Beispiel Eisengewinnung). Manche Metallverbindungen werden mithilfe des elektrischen Stroms reduziert (zum Beispiel Aluminiumherstellung).

Beim Rösten werden sulfidische Erze durch Erhitzen unter Luftzufuhr in Oxide übergeführt. Dabei werden große Mengen SO_2 frei, zum Beispiel:

$$2\,PbS + 3\,O_2 \rightarrow 2\,PbO + 2\,SO_2$$

Beim Hochofenprozess dient Kohlenstoff (Koks) als Reduktionsmittel.

Die Eisenerze sind praktisch immer mit taubem, nicht eisenhaltigem Gestein vermischt (Gangart). Durch entsprechende „Zuschläge" (zum Beispiel Kalkstein) kann das taube Gestein verschlackt werden.

Gusseisen ist stark kohlenstoffhaltiges Eisen (3–4 %). Außerdem enthält es noch Verunreinigungen wie zum Beispiel Silicium, Phosphor, Mangan. Gusseisen lässt sich leicht in Formen gießen, ist aber spröde und bricht bei starken Stößen. Gusseisen lässt sich nicht schmieden.

Stahl ist Eisen mit weniger als 1,7 % Kohlenstoff. Außerdem ist er weitgehend von Verunreinigungen befreit. Stahl wird vor dem Schmelzen weich und verformbar und kann deshalb gut geschmiedet werden. Stahl ist hart *und* elastisch.

Das chemische Hauptproblem bei der Stahlerzeugung ist die Verminderung des Kohlenstoffgehaltes und die Entfernung der Verunreinigungen im Gusseisen.

Schmelzen von Ionenverbindungen leiten den elektrischen Strom. Dies kann zur Metallgewinnung genutzt werden. Ein wichtiges Beispiel für eine Schmelzflusselektrolyse ist die großtechnische Herstellung von Aluminium aus Aluminiumoxid. Die positiven Aluminiumionen werden an der Kathode zu Aluminium reduziert. An der Anode werden die negativen Sauerstoffionen zu Sauerstoff oxidiert.

Der „Wind" oxidiert in der untersten Schicht des Hochofens den Kohlenstoff zu CO:

$$2\,C + O_2 \rightarrow 2\,CO; \qquad -\Delta H$$

Das nach oben steigende Kohlenstoffmonooxid reduziert in der nächsten Schicht Eisenerz:

$$Fe_2O_3 + 3\,CO \rightarrow 2\,Fe + 3\,CO_2; \qquad -\Delta H$$

Das dabei entstandene Kohlenstoffdioxid wird in der nächsten darüber befindlichen Koksschicht wieder zu Kohlenstoffmonooxid reduziert:

$$CO_2 + C \rightleftarrows 2\,CO; \qquad +\Delta H$$

Diese Vorgänge wiederholen sich in den weiter darüber befindlichen Schichten mehrmals. Im oberen Teil des Hochofens („Gicht") verläßt der „Wind" den Hochofen als „Gichtgas". Gichtgas enthält noch Kohlenstoffmonooxid und wird deshalb zum Vorheizen des Windes ausgenützt.

Seite 145

J13 Metalle haben nur wenige Elektronen auf der Außenschale. Dieser Zustand ist wenig stabil. Durch die Abgabe dieser Elektronen wird ein wesentlich stabilerer Zustand erreicht, denn nun wird die nächstinnere (stabil besetzte) Schale zur Außenschale.

J14 Metalle bilden ein Metallgitter. Die Gitterplätze sind von Metallionen besetzt. In den Zwischenräumen des Gitters befinden sich die von den Metallatomen abgegebenen Elektronen. Diese Elektronen sind frei verschiebbar. Bei angelegter Spannung können die Elektronen vom Minuspol zum Pluspol wandern. In den Metallen können also die Elektronen fließen.

J15 Eisen hat eine größere Tendenz, seine Elektronen abzugeben, als Kupfer. Taucht man metallisches Eisen in eine Lösung mit Kupferionen, so gibt Eisen Elektronen an die Kupferionen ab. Das Eisen geht als Ion in Lösung. Die Kupferionen werden durch die Elektronenaufnahme zu metallischem Kupfer.

$$Cu^{2+} + Fe \rightarrow Fe^{2+} + Cu$$

J16 Taucht man metallisches Kupfer (zum Beispiel Kupferblech) in eine Eisensulfatlösung, so tritt keine Reaktion ein. Kupfer hat eine geringere Tendenz, Elektronen abzugeben, und damit in den Ionenzustand überzugehen als Eisen. Kupfer ist „edler" als Eisen.

J17 Ordnet man die Metalle nach steigenden Werten ihrer Standardelektrodenpotenziale, so erhält man die Spannungsreihe der Metalle. Alle Metalle, die „unedler" als Wasserstoff sind, erhalten zu ihrem Spannungswert ein negatives Vorzeichen. Metalle, deren Spannungswert ein positives Vorzeichen hat, sind „edler" als Wasserstoff.

J18 Alle Metalle mit negativem Standardelektrodenpotenzial lösen sich in Salzsäure auf. Diese Metalle haben ein größeres Bestreben, in den Ionenzustand überzugehen, als Wasserstoff.

J19

$Cu + HCl$ keine Reaktion
$Fe + 2\,HCl \rightarrow FeCl_2 + H_2$
$Mg + 2\,HCl \rightarrow MgCl_2 + H_2$
$Ag + HCl$ keine Reaktion
$Zn + 2\,HCl \rightarrow ZnCl_2 + H_2$
$Hg + HCl$ keine Reaktion
$2\,Al + 6\,HCl \rightarrow 2\,AlCl_3 + 3\,H_2$

J20

Zn/Cu 1,10 Volt.	Zink: Minuspol;	Kupfer:	Pluspol
Ag/Zn 1,56 Volt.	Silber: Pluspol;	Zink:	Minuspol
Cu/Au 1,16 Volt.	Kupfer: Minuspol;	Gold:	Pluspol

J21 In den Salzlösungen der galvanischen Elemente würde sich ein Überschuss an negativen Ionen in der einen Lösung und ein Überschuss an positiven Ionen in der anderen Lösung ergeben. Diese Ionen können durch die poröse Trennwand wandern und so auf der „Gegenseite" die entstehenden Ladungen ausgleichen.

J22 Zink hat ein Standardelektrodenpotenzial von 0,76 Volt. Um in einem galvanischen Element eine Spannung von mehr als 1,5 Volt und weniger als 1,61 Volt zu erhalten, kann das Zink mit Silber (Standardelektrodenpotenzial +0,80) kombiniert werden. Zink bildet dabei den negativen Pol. Die Spannung beträgt 1,56 Volt.
Es ist aber auch eine Kombination mit Magnesium (Standardelektrodenpotenzial –2,36) möglich. Zink bildet dann den positiven Pol. Die Spannung beträgt 1,60 Volt.

Register

A

B

C

D

E

F

L

M

S

T